自 然 传 奇

生物的
非凡本领

主编：杨广军

花山文艺出版社
河北·石家庄

图书在版编目（CIP）数据

生物的非凡本领 / 杨广军主编. 一石家庄 ：花山文艺出版社，2013.4（2022.3重印）

（自然传奇丛书）

ISBN 978-7-5511-0932-1

Ⅰ.①生… Ⅱ.①杨… Ⅲ.①生物－青年读物②生物－少年读物 Ⅳ.①Q1-49

中国版本图书馆CIP数据核字（2013）第080112号

丛 书 名：自然传奇丛书
书　　名：生物的非凡本领
主　　编：杨广军

责任编辑：贺　进
封面设计：慧敏书装
美术编辑：胡彤亮
出版发行：花山文艺出版社（邮政编码：050061）
（河北省石家庄市友谊北大街 330号）
销售热线：0311-88643221
传　　真：0311-88643234
印　　刷：北京一鑫印务有限责任公司
经　　销：新华书店
开　　本：880×1230　1/16
印　　张：10
字　　数：150千字
版　　次：2013年5月第1版
2022年3月第2次印刷
书　　号：ISBN 978-7-5511-0932-1
定　　价：38.00元

目录

◎ 技能类生物的超能力 ◎

◎ 肢体类生物的超能力 ◎

◎ 特殊类生物的超能力 ◎

◎ 稀有类生物的超能力 ◎

技能类生物的超能力

“南阳诸葛亮，稳坐中军帐。摆起八卦阵，单捉飞来将。”这是我们经常听到的一个有趣的谜语，它说明的正是蜘蛛捕食的情景。或许某一天，你发现了一张蜘蛛网，正巧一只蚊子飞过来，粘在网上，蚊子一挣扎，网一动，蜘蛛就立即出动，用丝线将蚊子包裹起来。这就是蜘蛛的生存本领，它让许多人类都佩服它的机警。如果你用风扇去扇、用枝条去戳或将死昆虫扔上去，都无法打动它。这不禁让我们想起，在众多生物中，有许多生物都有它们各自的奇怪招数和特殊能力。如胖胖的企鹅能够轻松地在雪地行走、袋鼠用跳代替行走、壁虎能够飞檐走壁、小小的白蚁能够建造让人类也叹为观止的建筑、变色龙有高超的变色伪装技巧、青蛙能用眼睛死死盯住运动的昆虫等等。在这一章，让我们一起去，领略一下各个生物的奇招异能吧！

映日张网罗——吐丝结网

▲渔民撒网

瑶瑟玉箫无意绪，任从蛛网任从灰。人类在远古的时候就开始用绳子结绳记事，也开始用工具编织有孔状结构的网。人们主要用来捕鱼，也可以捕捉一些鸟兽。渔网是渔业生产不可缺少的捕捞工具，沿海渔民最早是用简单的网具在海边捕捞。明朝出现了撩网、棍网等浅海捕捞网具。清朝以后出现了远海捕捞网具。内河渔民则多以小型渔具捕捞。在自然界中，也有着一些生物能够结网，而且比人类更加优秀。

蜘　蛛

▲笑脸蜘蛛

蜘蛛是节肢动物门蛛形纲蜘蛛目所有种的通称。除南极洲以外，全世界都有分布。蜘蛛的身体分头胸部和腹部两部分，头胸部覆以背甲和胸板。蜘蛛主要捕食手段是通过丝囊尖端的突起分泌黏液，这种黏液一遇空气即凝成很细的丝，以丝结成高度黏性的网，捕捉食物。在全世界3.7万多个蜘蛛种类中，所有的蜘蛛都能吐丝，但只有一半种类可以用丝织网。蜘蛛用具有黏性的网当陷阱来捕捉猎物、等待伏击猎物或是直接追捕猎

▲黑寡妇蜘蛛

▲蜘蛛网

物。使用蜘蛛网或伏击战术的物种对空气、地面和丝线的震动极为敏感，它们以此作为警戒线。蜘蛛织网时，会先放出一条丝，随风飘荡到某个物体上，然后蜘蛛接着用丝将它加固，之后蜘蛛回到中心，从网中心向四周辐射织出辐射丝。蜘蛛网有许多不同的大小、形状和黏性丝线的使用量。现在显示出螺旋球状网可能是最早的形状中的一种。即使球形蜘蛛网的蜘蛛是众所周知的也是被最广泛地研究的，但它们在所有蜘蛛物种中也只算是少数，制造出其他种类蜘蛛网的蜘蛛较多，这可能是因为它们杂乱的蜘蛛网对掠食性的黄蜂来说是较大的阻碍。对粘上网的昆虫，蜘蛛先用丝将其缠绕，对昆虫注入了一种特殊的液体枣消化酶。这种消化酶能使昆虫昏迷、抽搐、直至死亡，并使肌体发生液化，液化后蜘蛛以吮吸的方式进食。蜘蛛是卵生的，大部分雄性蜘蛛在与雌性蜘蛛交配后会被雌性蜘蛛吞噬，成为母蜘蛛的食物。

小博士

捕鸟蛛

捕鸟蛛原生活在南方的深山丛林中，是自然界中最巧妙的猎手之一。它在树枝间编织具有很强黏性的网，一旦食鸟蛛喜食的小鸟、青蛙、蜥蜴和其他昆虫落入网中，它就迅速爬过来，抓住猎物，分泌毒液将猎物毒死作食物。1975 年，在墨西哥曾发现一株大树的几根树枝被一张巨大而多层的蛛网所遮盖，最大的网竟能将一棵 18.3 米高的大树上部 3/4 的树枝遮蔽掉。

小贴士——百万蜘蛛，一块布料

▲蜘蛛丝布料

一块由百万只野生蜘蛛的蛛丝织成的金色布料曾在纽约美国自然历史博物馆展出。这是迄今为止世界上唯一一块用自然蛛丝织成的纺织品。蛛丝具有很好的弹性，跟钢和凯夫拉纤维相比，它具有难以置信的强大抗拉强度。一位英国艺术家在听说一名法国传教士在马达加斯加研究蜘蛛的故事后，萌发了制作蛛丝纺织物的想法。根据估算，1.4 万只蜘蛛产出的蛛丝仅有 1 盎司（约 28.35 克），而他们准备制作的纺织品重约 2.6 磅（约 1.18 公斤），因此需要大量的野生蜘蛛。为了得到尽可能多的蛛丝，他们分别雇用 70 名工人花了 4 年时间在马达加斯加的电线杆上收集了 100 多万只金色球体蜘蛛，而另外 12 名工人负责从每只蜘蛛身上抽取约 80 英尺（约 24.4 米）长的蛛丝。最后纺织成 2.6 磅、11 英尺×4 英尺的纺织品。面对稀有的金灿灿的织物，相信没有人会怀疑它的高昂价值。

蜘蛛丝与防弹衣

防弹衣是用于人体躯干免受弹丸或弹片伤害的一种单兵防护军服，多呈背心状，由防弹层和衣套制成。蜘蛛丝弹性好、柔软，而且穿着舒适，却比任何钢丝和人造纤维更加坚韧，所以是科学家眼中制作防弹服的最佳材料。美国科学家注重研究蛛丝的奥秘，并组织人员大量收集蛛丝，用以制作一种具有强大防护能力的防弹服。但蛛丝收集起来比较困难，美国科学家们正在挑选一种来自巴拿马的蜘蛛做试验。这种蜘蛛体积大，能生产一种金色的丝。科学家们把蜘蛛拉出的丝和肚子里的丝分别做试验。他们把蜘蛛用胶布粘在桌子上，从蜘蛛腹部将丝牵引出来，用镊子夹住一端，缠绕到纺锤上，用一个小型电机将纺锤转动。用这种方法，每次可从蜘蛛腹内获取蛛丝 3～5 毫克，也就是说，每股蛛丝为 320 米长。令人惊异的

▲蜘蛛丝与防弹衣

是，这种抽丝法并不会对蜘蛛造成伤害，蜘蛛在抽丝后的第二天可以照样抽丝，可见蜘蛛产丝的能力极强。与此同时，科学家们还试图将蛛丝分解成肽，或简单的蛋白质单元。一旦能够确定蛛丝的形成过程就如法炮制，就可以量产人造蜘蛛丝。预计在不久的将来，昔日默默无闻的蛛丝或仿蜘蛛丝人造丝即将进入各个领域，尤其在制作防弹服方面发挥其不可替代的作用。

凌波微步——雪地行走

▲行走在南极

大家应该知道南极是个气候寒冷的大陆，整个南极大陆被一个巨大的冰盖所覆盖。由于南极大陆是中部隆起向四周倾斜的高原，一旦沉重的冷空气沿着南极高原光滑的表面向四周俯冲下来，一场可怕的极地风暴就产生了。在茫茫雪原上，到处是积雪，加上那可怕的暴风雪，科学工作者几乎无法行走。他们要进行科学考察活动，只能以滑雪橇的方式或者需要一种特殊的交通工具向前进。而自然界中不同的地方就存在着不同的生物，南极的企鹅们表现出让人们惊讶的能力，它们可以在雪地上轻快地滑行。

企　鹅

企鹅是地球上数一数二的可爱的动物，是鸟纲企鹅目所有种类的通称。企鹅的特征是不能飞翔；脚生于身体最下部，故呈直立姿势；趾间有蹼；跖行性（其他鸟类以趾着地）；前肢成鳍状；背部黑色，腹部白色；身上披覆短、硬、鳞形的羽毛，且羽毛密度比同一体型的鸟类大三至四倍，羽毛间存留一层空气，用以绝热。虽然企鹅双脚基本上与其他飞行鸟类差不多，但它们的骨

▲企鹅爵士“检阅”军队

▲手拉手

▲走着，滑着

骼坚硬，并比较短及平。这种特征配合有如两只桨的短翼，使它们可以在水底不仅会游泳，还会跳水和潜水。企鹅的游泳速度十分惊人，每小时可达 20～30 千米。企鹅喜欢群栖，一群有几百只，几千只，上万只，最多者甚至达 10 万～20 多万只。在南极大陆的冰架上，或在南大洋的冰山和浮冰上，人们可以看到成群结队的企鹅聚集的盛况。现在世界上一共有 18 种企鹅，主要生活在地球的南半球。各个种的主要区别在于头部色型和个体大小。企鹅最有趣的一项特征莫过于它们走路的方式，或者说它们“摇摆行走”的样子。我们可能对企鹅行走时的摇摆状感到好奇，企鹅行走时为什么会摇摆呢？科学家们通过认真观察和研究终于明白了其中的道理。因为企鹅的活动、行走需耗费极大的能量，然而，为了能在气候恶劣的栖息地存活，企鹅必须尽可能地节省能量。有些人可能并不懂，为什么企鹅不干脆停止摇摆，改成慢慢地走。出乎我们意料的是，企鹅摇摆着走，反而较常态行走更节省能量。

历史趣闻

企鹅爵士

据《新京报》报道，一只名为尼尔斯的企鹅在爱丁堡动物园“检阅”了挪威皇家卫队。这只企鹅是尼尔斯企鹅家族的成员，一直承袭着挪威军队授予的军衔，如今又被授予“爵士”封号。它成为挪威历史上第一个带翅膀的爵士。

小资料——企鹅迁徙

▲企鹅迁徙

在南极洲南佐治亚岛上，又出现了成千上万对帝企鹅夫妇，领着它们的小宝宝，似乎在商量着如果南极洲没有了，它们该往哪里去——其实它们在准备集体迁徙。南极企鹅的迁徙场面非常壮观，而且是每年一次共同迁徙，两次分别移动。帝企鹅在每年交配的季节会回到它们的共同出生地（冰盖地区），然后产下后代。产蛋后先由雄性企鹅集体出动，一起到有开阔水域的地方寻找食物，期间雌性企鹅负责孵化。等雄性企鹅回来时（要几个月的时间），小企鹅也全部出壳了，再由雌性企鹅一起出去到开阔水域找吃的。

企鹅与极地越野汽车

在茫茫的南极雪原上，到处是积雪。当人类征服这个地方的时候发现，车辆很难在雪地上运动，因为雪地几乎没有摩擦力，使得轮子发生空转。但是，平时蹒跚而行的企鹅遇到危险时，却能以 30 千米/小时的速度在雪地上飞跑。科学家们就思考，到底是什么原因让这些笨重可爱的家伙跑得这么快呢？经过长期的观察，人们才发现秘密就在于企鹅特有的姿势在起作用。企鹅在南极生活了近 2000 万年，早已适应了那里的生活环境，成为“滑雪健将”了。只要它扑倒在地，把肚子贴在雪的表面上，蹬动起作为“滑雪杖”的双脚，它便快速滑行了起来。根据报道，科学家们根据企鹅的特殊性设计并制造了一种没有轮子的新型汽车——“企鹅”牌极地

▲雪地车

越野汽车。它和普通汽车相比，极地越野车的最大特点就是“车轮”部分发生了根本性的改变。极地越野车的行走部分被设计成一种特殊的轮勺，它既有些像脚，又类似坦克履带。行进时，车底贴在冰面上，轮勺飞快转动，通过不断“抓挖”冰面的表层，使车辆向前行驶。这种行进方式不同于简单的在冰面上滑行，因为它可以通过控制装置准确灵活地转弯、变速，改变了普通汽车在冰面上“滑到哪里是哪里”的失控情况。这种汽车还可在泥泞地带快速行驶。这样就大大解决了极地运输的难题。正是这种极地越野车的出现，使得各个国家对于南极的探险有了一个更加有力的装备，也解决了人在南极大陆上行走的难题。

草枯鹰眼疾——锐眼

每个人都有一双眼睛，它的主要作用就是感受光线，通过光线变化来察觉事物。那么眼睛能够看什么东西呢？月亮那么大的东西，即使距离达到60万千米，人类也能看见；而太阳那么大的物体，相差1.5亿千米也能看见；银河，几百光年同样也可以；蚂蚁，在5米左右人类还是看得清楚；而微生物，人的眼睛却调节不过来，如果调节得过来应该是1厘米左右能看清；站在平地上，有浓雾的话，只看得见十几米远处的人；空气特别清爽，光线充足的话，能看清100米远的人（1.0视力），2.0的能看清200米远的人；如果在平原上，因为人的高度限制，再加上地球是圆的，只看得到2千米远的物体。这是一般正常人的视力能够看到的事物，而自然界中有些生物的视力却远远超过人类。

鹰

▲鹰眼

鹰是隼形目鹰科中的一个类群，是食肉的猛禽，嘴弯曲锐利，脚爪长有钩爪，性凶猛，食物包括小型哺乳动物、爬行动物、其他鸟类以及鱼类。汉语中将隼科中较大的鸟类和鸱鸮科的鸟类等食肉鸟类也划为鹰类，但一般只是专指鹰科鸟类。鹰的视力相当敏锐，有诗“草枯鹰眼疾”，就是说明鹰的视力很强。人的眼睛可以看到6.1千米远，鹰的视力却超出人的视力8～9倍。鹰的眼睛在高空时是远视眼，在低飞时是近视眼。鹰翱翔于3千米的高空中，能从许许多多景物中准确地发现和辨认地面上的田鼠、黄鼠等小动物，甚至能看到水里的鱼类。它能从高空猝然飞

▲捕食瞬间

▲猎鹰捕食野兔

下攫捕田鼠、野兔等小动物，总是手到擒来，万无一失。练就这手绝招，强劲的利爪和高超的飞翔本领固然重要，但首先要归功于它那敏锐的目光。这种视力是人类无法相比的。鹰的眼睛具有一个比人类大得多的瞳孔，因此视网膜上的成像特别清晰，它的视网膜厚约 4 毫米，是人类的两倍，因此视网膜上的视觉细胞比人类丰富得多。此外，鹰的眼睛长在头部两侧，因此不必转动头部就有 300 度视野，而人类的视野只有 160 度。那么鹰的视力到底有多强？从生理学角度看，飞行在极高的天空的鹰本身也是高速运动着的，及时发现躲在草下的猎物好像有点匪夷所思，即便能够在空中看到猎物的全貌，大脑的反应速度也难以跟上。国外有些人的观点是：鹰的视觉机制也好像与人的不同，鹰眼中的世界跟我们看到的世界可能有所不同，就好像蜜蜂对紫外线敏感一样，鹰眼可能对鼠、兔在草叶上撒尿标记的光线有特殊的洞察力，新鲜的尿液会产生与环境不同的紫外光谱，所以鹰只要对它们眼睛看到的发亮区“尿液痕迹”多留意就行了，那样的话，发现猎物的概率会很大。当然，在近距离时，鹰的常规视力还是起作用的。

小博士

鹰的重生

传说当鹰40岁时候，它必须努力飞到一处陡峭的悬崖，要把弯如镰刀的喙向岩石摔去，直到老化的嘴巴连皮带肉从头上掉下来，然后静静地等候新的喙长出来。然后它以新喙当钳子，一个一个把趾甲从脚趾上拔下来。等新的趾甲长出来后，它把旧的羽毛都薅下来，5个月后新的羽毛长出来了。它冒着疼死、饿死的危险，重塑自己，与自己的过去诀别，这一过程就是一个死而复生的过程。

想一想——鹰眼的秘密？

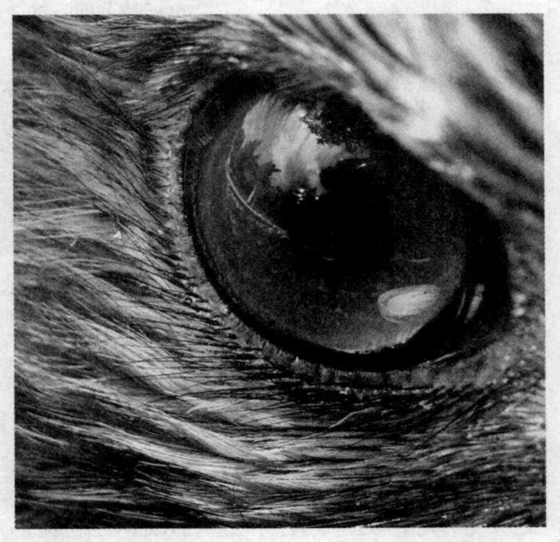

▲鹰的眼睛

鹰眼的敏锐，由其特殊的结构得以保证。它独特的视觉系统可以将物体放大数倍。其原理如同望远镜一样。与人的视网膜不同，鹰眼有两个中央凹：正中央凹和侧中央凹，它们分别集中在眼睛的不同区域。前者能敏锐地发现前侧视野里的物体，后者则接收鹰头前面的物体像。在鹰头的前方有最敏锐的双眼视觉区，是由两个侧中央凹的视野交集而成，这样，鹰眼的视野便近似于球形，所以鹰能看到非常宽广的地域。同时鹰也和别的鸟一样，眼内有梳状突起，它是从视神经进入点突入眼后室的特殊折叠结构，它的功能能减弱眼内的散射光，使视像清晰。

电子鹰眼

鹰眼能在空中迅速准确地发现和识别地面目标，并能判断出目标的运动方向和速度大小。这种能力是人的眼睛所不具备的。即使使用雷达，由

▲飞行员操作电子鹰眼

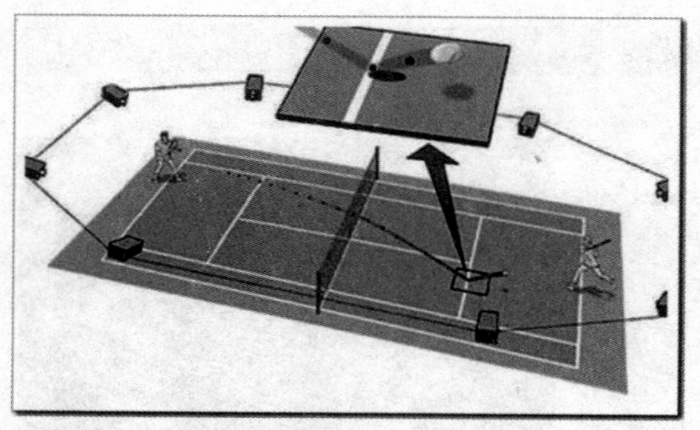

▲网球比赛中电子鹰眼系统

于靠地面目标反射回来的无线电波显示图景，其分辨率也很差。现代电子光学技术的发展使我们有可能研制出一种类似鹰眼的系统，为歼击机飞行员提供一种地面视野不受限制、视敏度很高的电子光学观测装置。这种装置实际上是一种带望远镜的电视摄像机系统。目标的光学像被放大后，由摄像管接收，它把图像变成电信号，并将其传送到驾驶舱，由电视屏把目标图像显示给飞行员。飞行员能像用眼睛看东西那样使用“鹰眼”系统：搜索目标，用低分辨率、宽视野的系统（模拟眼视网膜外周）；仔细观察已发现的目标时，则用高分辨率、窄视野的系统（模拟眼视网膜的中央凹）。飞行员还可把接收到的图像信号发送到地面，这样，指挥员不用上天，也可以从荧光屏上及时掌握第一手情报了。如果能做成类似的红外系统，还可用来进行夜间空袭。目前，电子鹰眼系统已经应用到生活中去，例如网球比赛中、矿井工作查询、街道安全系统等。简单地说，在网络上、搜狗地图上如果你想查找自己想去的地方，你可以点击它，它就会放大，使地图变得更加清晰。这也可以认为是电子鹰眼应用的拓展。在拓展电子鹰眼应用的同时，人们也开始烦恼着每天都处在电子鹰眼的监视之下，电影《鹰眼》就表现了人们的这种担忧。有些人担心电子鹰眼的出现会是另外一种形式的“恐怖活动”。

鹰眼是否应该走进世界杯?

2010年南非世界杯16强淘汰赛上出现了两个误判：一次是射门打中门楣下沿，弹下又弹起，根据人们判断，球过线有数十厘米左右，但乌拉圭主裁判却示意球没进。第二次是阿根廷与墨西哥一战，有队员越位，边裁毫无反应。这两次的误判让本届世界杯的裁判工作遭遇了空前的信任危机，也让一个备受争议的话题重新成为媒体讨论的焦点：是否该把更多高科技引入足球判罚当中？而网球赛场上早已成功引进了电子鹰眼。这种被称为“现场即时回放”的电子系统，由8个或10个高速摄像头、4台电脑和大屏幕组成，借助电脑把比赛场地内的画面生成三维图像，帮助裁判作出最终裁决，整个过程耗时不超过10秒钟。球员挑战鹰眼不仅没有影响比赛的精彩程度，反而维护了公正性。但是足球运动一直没有引入电子鹰眼的意思，而这次的误判很可能促使电子科学技术在足球领域的发展。

▲南非世界杯英德大战误判

为有暗香来——超级嗅觉

▲闻到什么了？

人的五官之中，鼻子的作用主要是提供嗅觉，嗅觉是一种感觉，它由两个感觉系统参与感觉，即嗅神经系统和鼻三叉神经系统。人类对于同一种气味物质的嗅觉敏感度，不同人具有很大的区别，有的人甚至缺乏一般人所具有的嗅觉能力。就是同一个人，嗅觉敏锐度在不同情况下也有很大的变化。例如某些人生病的时候，鼻子或许因为感冒或者鼻炎，导致细菌感染，使得人们的嗅觉大幅度下降；如果长期生病而没有去治疗的话，那么很有可能成为鼻炎，而一直陪伴着人的一生。还有环境中的温度和湿度同样也能够影响嗅觉。曾经有科学家用人造麝香的气味测定人的嗅觉团时，在一升空气中含有 5×10^{-6} 毫克的麝香便可以嗅到。许多生物也同样有鼻子这个器官，甚至有部分生物的嗅觉足够让人类为之汗颜。

犬的嗅觉

犬，通常指家犬，也称狗，一种常见的犬科哺乳动物，是狼的近亲。犬被一些人称为“人类最忠实的朋友”，也是饲养率最高的宠物。犬的寿命约有十多年，若无意外发生，平均寿命以小型犬为长。嗅觉是犬的独特的本性，犬的嗅觉是人类的数千倍，其鼻腔内面积及嗅细胞都比人的多，联结脑与鼻腔的神经组织也比人类的

▲德国牧羊犬

更为发达，例如，德国牧羊犬的鼻腔容积是人的4倍，并在扩张鼻孔的时候，可吸进更多的气味，以加强嗅觉的印象。嗅细胞的数目可以代表犬的嗅觉力，不同的犬种有一定的差异，但与人相比较犬的嗅觉还是大大超过人的。人的嗅细胞是500万个，灵敏的为12500万～15000万个，德国牧羊犬为20000万个。因此，犬的嗅细胞是人的30～40倍，若是以此估计犬的嗅觉优于人的30～40倍，那就大错特错了。通过测定，犬的嗅觉是人的百万倍，也就是在6公升水中加一滴血液，或者50千克水中有没有放进一汤匙盐，它都可以轻而易举地嗅出。犬可以嗅出空气中从很远的地方飘过来的气味，能嗅出5000千克水中是否加入了一汤匙醋酸，甚至主人生气、恐惧、憎恨、高兴时肾上腺素激增所产生的，通过汗液散发、传递出的身体气味，它也十分敏感，从而辨别出主人的情绪等心理变化。为了保持嗅觉的敏锐，它会不时地将鼻头舔湿。借助风力，它甚至能嗅出500米以外的气味。经过特别训练的警犬，能够辨别出10万种以上的气味。刚出生的幼犬眼未睁开，耳朵也听不见，全凭嗅觉来寻找母犬的乳头。犬的感觉器官中最发达的是嗅觉。嗅觉是犬的基础感觉，说它指导着犬的一切行动也不过分。犬的嗅觉相当于人的眼睛，如取掉嗅神经，那么，犬就像盲人一样，没法进行正常生活。然而，同样是犬，有嗅觉发达

▲寻血猎犬

▲波士顿梗犬

▲缉毒犬

▲地震救援中的搜救犬

▲搜爆犬在协助警察执行任务

的，也有嗅觉不发达的。大体说来，嘴巴长的嗅觉都灵敏，嘴巴短的稍差些。在犬的品种中，寻血猎犬的嗅觉是犬中的佼佼者，巴赛特犬及腊肠犬次之。布拉德犬（追踪犬）、谢巴德犬（万能犬）属于嘴巴长的犬种；巴古及中国长毛犬等属嘴巴短的犬种，在它们自身构成上嗅觉的活动就有很大差别。布拉德犬在美国追踪方向不明的逃跑犯人有过连续搜索 100 小时的记录。谢巴德犬在追踪从犯罪现场逃跑的犯人屡立战功，这样的事不胜枚举。众所周知，经过训练的警犬，更是广泛用于缉毒和追捕罪犯，利用犬的嗅觉在海关搜查毒品已经获得明显的效果。这是犬对人类社会的巨大贡献。

链 接

寻血猎犬

寻血猎犬又名圣·休伯特猎犬，是世界上最著名的也是体型最大的嗅觉猎犬之一。该犬表情高贵而威严，显得严肃、睿智而自信。寻血猎犬具有神奇的嗅觉追踪能力，有事实证明即使是超过 14 天的气味，也能追踪到，并且创造了连续追踪气味 220 公里的纪录。它所发现的证据曾经作为法庭呈堂证据。

轶闻趣事——美国“第一犬”

许多美国总统的家庭都有养狗的习惯，而总统府的狗也被称为美国的“第一犬”。对于什么样的狗能够进入第一家庭，一向是非常引人注意的，因为这位第一家庭的“朋友”不但能抚慰那高处不胜寒的孤独心灵，还是一种亲民的象征，甚至还是一种化解危机的公关工具。美国国父华盛顿开创了总统养狗的传统，他养有10条猎犬，克林顿则与爱犬巴迪经常出入于白宫的各个办公室。据统计，美国有30%的家庭都养狗，所以本来没有养狗习惯的奥巴马养狗显然包含了一种与大众拉近距离的亲民意味。而怎么去收养，收养一只什么样的狗，是需要经过奥巴马家庭和智囊们一起认真讨论决定的，这比起选内阁成员而言还要困难。一只来自收容所的混血狗非常荣幸地被选中了，这更是开创了第一犬的历史先河，也低调地彰显出一种开创性和草根性。

电子鼻

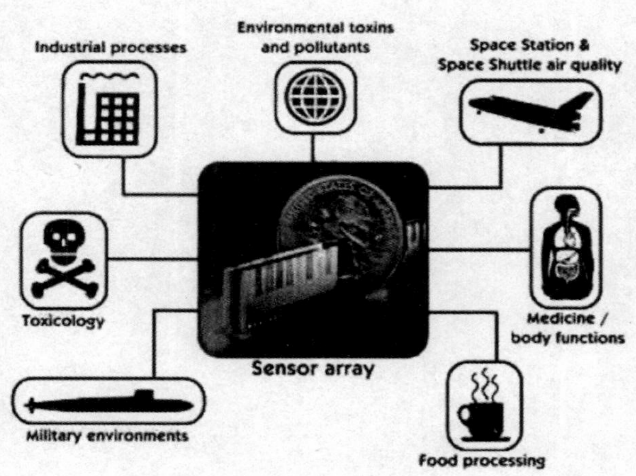

▲电子鼻应用广泛

犬类的嗅觉给了人类许多启示，人们模拟动物嗅觉器官开发出一种高科技产品。利用气体传感器阵列的响应图案来识别气味的电子系统，叫作电子鼻。它可以在长时间内连续地、实时地监测特定位置的气味状况。就这一功能比起动物的嗅觉能力而言，明显有优势，因为动物会累的，而仪器不会累。科学家们通过试验表明，电子鼻不仅仅能够辨别基本的气味，还能“嗅”出侵蚀病人皮肤伤口的细菌，从而通过电子仪器来警告病人和医生，及早采取措施补救。目前有一款电子鼻有由32个

不同的有机高分子感应器组成的矩阵，它对各种挥发性化合物散发的气味十分敏感，化合物不同，则反应不同。通常，细菌生长时会发出化学气味，电子鼻接触气味后，每个感应器的电阻会各自发生变化。由于每个感应器对应一种不同的化学物质，因此32种各不相同的电阻变化组成的“格式”便分别代表了不同气味的“指纹”。电子鼻还可以用来检测大脑癌细胞。电子鼻技术响应时间短、检测速度快，不像其他仪器，如气相色谱传感器、高效液相色谱传感器需要复杂的预处理过程。电子鼻测定评估范围广，它可以检测各种不同种类的食品；并且能避免人为误差，重复性好；还能检测一些人鼻不能够检测的气体，如毒气或一些刺激性气体：它在许多领域尤其是食品行业发挥着越来越重要的作用。

蜗居式大厦——神奇的建筑师

人常常要躲避风雨的侵袭，所以就开始从洞穴中走出来，住进了房子里。古代人们利用简单的石头和泥巴就能够建造一座房子，而现在的社会，许多人都为了能有一间“蜗居”而伤透了脑筋。因为建筑是人们用石材、木材等建筑材料搭建的一种供人居住和使用的物体，如住宅、桥梁、体育馆、寺庙等等。而所谓的建筑师就是设计并负责建造建筑物的人。人们一般会认为建筑师是艺术家而不是工程师，因为他们的作品不仅仅需要从力学角度计算，选取合适的工程材料才能实现，更要考虑建筑物的美观和地点的优势等；有的建筑师的设计过于超出现有的材料能力限制，则无法实现为真实的建筑。目前对在世的建筑师的最高奖励是普利兹克奖，它是一项终身成就奖，被认为是建筑界的诺贝尔奖。而在自然界中，有一些动物具有超级的建筑天赋，它们的建筑让人类的建筑师都为之惊叹。

▲会跳舞的房子

白　蚁

白蚁，亦称虫尉，属节肢动物门，昆虫纲，等翅目，类似蚂蚁营群社会性生活，其社会阶级为蚁后、蚁王、兵蚁、工蚁。白蚁与蚂蚁虽一般同称为蚁。但在分类地位上，白蚁属于较低级的半变态昆虫，蚂蚁则属于较高级的全变态昆虫。根据化石判断，白蚁可能是由古直翅目昆虫

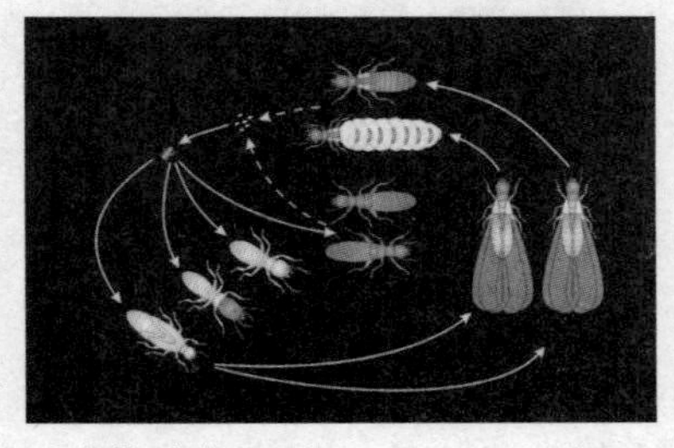

▲白蚁种类循环

▲巢穴里的白蚁

▲白蚁巢穴结构图

发展而来，最早出现于2亿年前的二叠纪。白蚁的形态特征与蚂蚁有明显的不同。白蚁体软而小，通常体长而圆，有白色、淡黄色、赤褐色直至黑褐色。白蚁头前口式或下口式能自由活动，触角呈念珠状，腹基粗壮，前后翅等长；而蚂蚁的触角呈膝状，腹基瘦细，前翅大于后翅。中国古书所称蚁、螱、飞螱、蚍蜉、螱、蠹等，都与蚂蚁混同。宋代开始有白蚁之名。白蚁分布于热带和亚热带地区，以木材或纤维素为食。白蚁是一种多形态、群居性而又有严格分工的昆虫，群体组织一旦遭到破坏，就很难继续生存。全世界已知的白蚁有2000多种。中国除澳白蚁科尚未发现外，其余4科均有，共达300余种，且分布范围很广。白蚁是多形态昆虫，一般每个家族可分为两大类型：繁殖型和非繁殖型。白蚁巢群从初建、成长到衰亡的过程中，蚁巢结构相应地由单腔到多腔，从简单到复杂的过程并总结出蚁巢的7种基本形式。主要分为：幼年巢时期、单腔菌圃巢（腔内有饱满菌圃）、多腔菌圃巢（多菌圃并有多个空腔，仍无分飞孔和候飞室）、成年巢时期、成熟初期巢（层积多腔巢）、成熟兴旺巢（块积多腔巢）、衰老巢时期（萎缩多腔巢）。白蚁巢结构非常有自己的特色，它们就像建筑一座高楼大厦一般，它的王宫的结构非常原始，一般均无菌

▲白蚁大都市

圃和其他任何结构，仅是一个周壁光滑、底平上拱的小腔室。蚁王和蚁后栖息在小土腔室内。另外就是培养真菌的菌圃，一般在从王宫（主巢）延伸出的主蚁道周围，尤其是主蚁道的两侧和上方菌圃的分布比较密集。其他的空腔，数量较多，一般与菌圃的分布间隔开，而且越接近地面空腔越多。而连接这些所谓房间的就是蚁道，通常有1～2条主蚁道（底径在2～3厘米以上）直穿王宫底部；主蚁道较少分叉，大都是沿着主蚁道的方向朝上，分出几条细小的支蚁道，小的支蚁道上连接着一些小菌圃。整座蚁巢有着独特的通风系统和坚固的结构，可以在风吹雨打中保存下来，值得人类建筑师们借鉴。

小博士

白蚁的药用价值

人们发现白蚁体内存在有抗病物质甾体，主要有胆甾醇及其衍生物、谷甾醇、豆甾醇等，而且有人认为，这些物质对癌细胞有抑制作用。同时白蚁脂肪中所含的油酸、棕榈酸和硬脂酸等，也同样具有抑制肿瘤生长的作用。

友情提醒——白蚁的危害

▲白蚁危害实例

▲白蚁喜欢这样吃

古人常言“千丈之堤，以蝼蚁之穴溃”，其中含义在现在已经拓展，但是其本意是指白蚁这一世界性的重要害虫的危害作用。白蚁，虽是很微小，却被国际昆虫生理生态研究中心列为世界性五大害虫之一，甚至一些地方把白蚁称为“无牙老虎”。白蚁长期生活在黑暗环境中，过着隐蔽的生活，物体受到白蚁的危害，表面看似完好，实际上早已千疮百孔，等到被人发现的时候，后果已是相当严重，特别是由于其隐蔽在木结构内部破坏其承重部位，往往造成房屋突然倒塌，据统计，南方砖木房屋40%～50%有白蚁危害。白蚁影响的范围极广，它不但危害建筑、名胜古迹、电线电缆、船只、家具等，而且对水库堤坝和林木果园的危害也十分严重。据调查，仅白蚁对房屋建筑的危害一项所造成的损失，全国统计每年可达15亿元。

白蚁巢穴和生态建筑

在日常生活中，你观察过蚂蚁的巢穴吗？在非洲和大洋洲的白蚁，能非常神奇地搭建起高度超过人体的蚁塔。这些让人惊叹的蚁塔很像城堡，它们有圆锥形、圆柱形、金字塔形等，根据调查，最高的蚁塔能达到7米高，占地100多平方米，这些蚁塔不仅仅体积庞大，而且其中还有无数弯弯曲曲的隧道，长达数百米，而最让建筑师们震惊的还是蚁塔中的气温调节系统。众所周知，生物的生命活动一定是需要氧气的，而白蚁密密麻麻地生活在城堡里，如何才能够获得足够的空气呢？谜底就是白蚁们在蚁穴

中建立了非常多的管道，其中会有一条主干道由蚁巢的顶部一直延伸到洞穴的底部。并且白蚁们用过的空气可以通过换气口排出，而新鲜空气可以通过侧面的小孔吸入。通过研究发现，白蚁的巢穴通常由两部分构成，即生活区和泥塔。空气温度调节主要依靠泥塔而实现的，泥塔的侧壁面积很大，可以在太阳光充足的时候，保证白蚁巢穴吸收足够的太阳光的热量。而泥塔中布满空气通道，这些通道里的空气会发生体积膨胀，因为泥塔吸收的太阳光会将热量传递给通道里的空气，从而导致空气的温度升高。于是，膨胀的空气会涌向塔顶，而空出来的通道会被侧面小孔涌入的新鲜空气占据。令人惊讶的是白蚁中的一些工蚁还会控制管道的大小，用以调节气流进出，从而达到调节巢穴内温度的目

▲白蚁城堡

▲约堡东门购物中心

▲不需要空调的建筑

的。这样，无论春夏秋冬，还是黑夜白天，白蚁巢穴中的温度都会始终保持不变。而白蚁惊人的成就被建筑大师麦克·皮尔斯借鉴，他在津巴布韦的哈拉雷，建造了一座体型庞大的办公及购物群——约堡东门购物中心。该购物中心的最大特色就是没有安装空调，可是它依然凉爽，日常中这座大楼所消耗的能量只有与它同等规模的常规建筑的十分之一，可以算是节能先锋。它的原理和白蚁建筑的原理类似，主要利用冷空气从底部的气口流入塔楼，与此同时热空气从顶部的烟囱流出，以期能够在一个闭合的空间里高效节能，并且不用相关设备地控制温度。这项仿生科技的应用，不仅是节能增效，有利于环境保护，而且省下的空调设备的成本汇聚成了涓涓细流，造福了该建筑的租赁者，他们所付出的租金比周边建筑的租赁者要少 20%。根据报道，深圳万科研究中心正在尝试建造白蚁巢穴仿生建筑，计划将于 2011 年底建成并投入使用。

极目青天观动态——蛙眼

眼睛是人类非常重要的一个感光器官，大约有80%的知识和记忆都是通过眼睛获取的。人们平时读书认字、看图赏画、看人物、欣赏美景等都需要眼睛。人类的眼睛能辨别不同的光线，瞳孔再将这些视觉、形象转变成神经信号，传送给大脑。光波波长约在390nm～760nm是人类能够接受的，而瞳孔可以根据光线的强弱来自动调节大小。当光线强时，瞳孔变小；而光线暗时，瞳孔变大。瞳孔就像一个凸透镜那样，当光线进入的时候通过瞳孔在视网膜上形成倒立、缩小的实像。所以如果人类的瞳孔过于紧张，失去弹性之后，就会出现近视眼。另外，人的眼睛能够分辨运动和静止的物体，而物体如果运动过快的话，会产生残影现象。在自然界中，有一种生物却只能看见运动的物体，却无法分辨静止的物体。大家说是不是很奇怪呢？

蛙

▲树蛙

蛙，两栖纲动物，背上呈绿色带有深色条纹，腹部是白色。蛙长着一张又宽又大的嘴，舌头很长。蛙具有突出的双腿，成体基本无尾。蛙的后足强壮有蹼，适应游泳和跳跃。蛙的皮肤光滑，潮湿。蛙卵一般产于水中，孵化成蝌蚪。蝌蚪用鳃呼吸，经过变态，成体主要用肺呼吸，但多数蛙的皮肤也

▲箭毒蛙

有部分呼吸功能。蛙以昆虫为食，但大型蛙类可以捕食鱼、鼠类，甚至鸟类。蛙基本在夜间捕食。蛙类的生殖特点是雌雄异体、水中受精，属于卵生动物。蛙繁殖的时间大约在每年4月中下旬。在生殖过程中，蛙类有一个非常特殊的现象——抱对。需要说明的是，蛙类的抱对并不是在进行交配，只是生殖过程中的一个环节。蛙主要是水生，但有些种类陆栖两生，它们栖于洞穴内或树上。我国的蛙类有130种左右，它们几乎都是消灭森林和农田害虫的能手。蛙在捕食害虫、保护农田和维持生态平衡方面，起着不可估量的作用，因此我们应该大力提倡保护青蛙。蛙类除了对农业生产有很大贡献之外，还具有重要的医学药用价值。比如泽蛙能够治疗疥疮，有解湿毒的功效；虎纹蛙则能治疗小儿疳积症；林蛙是集食、药、补三用为一体的珍贵蛙类，林蛙油有“补肾益精”“养阴润肺”“补脑益智”“补气血”“抗衰老”“抗癌”“消炎”“美容”的特殊功效。还有，牛蛙体大肉肥，味道鲜美，可以饲养作为肉类食品。国外已有牛蛙罐头出售。

▲红眼青蛙

小博士

雪蛤

中国的林蛙油，俗称蛤蟆油、雪蛤，是雌性林蛙的输卵管，具有补肾益精、养阴润肺、滋补强身、抗疲劳、抗衰老的神奇功效。雪蛤含蛋白质占总量的56.3%，另外，还含有蛙醇、多糖类、磷脂、维生素、脂肪酸、氨基酸、微量元素及多种激素等。林蛙油是一种非常珍贵的营养补充剂，一向被医学界誉为“软黄金”。

讲解——蛙眼的奥秘

平时，人们都只是知道青蛙是可以捕捉蚊虫的，却很少人知道蛙的眼睛非常特殊，它专门看运动着的物体。为什么蛙眼会有这样的结构特点呢？而这样的结构使得蛙有什么样奇异的本领？科学家们经过深入研究发现，蛙眼睛的视网膜与一般生物的视网膜有所不同，它是由三层细胞组成：光感受细胞层、中间联系细胞层、神经节细胞层。光感受细胞能够把外界景物的影像呈在视网膜上，然后把影像转换为神经电信号；而中间联系细胞则负责将电信号传给神经节细胞，在传送过程中神经节细胞会检测影像特征，并将这些电信号编码传给蛙的大脑。在视网膜中比较特殊的就是神经节细胞，它可以分为四类，分别是“边缘检测器”、“凸边检测器”（也叫“昆虫检测器”）、“反差检测器”和“阴暗检测器”。每一类的“检测器”都执行特定的检测功能，这样，就把现实中的图像分解成了几种易于辨认的特征，特别是对于运动着的物体有着极高的发现率与辨认的速率和准确性。

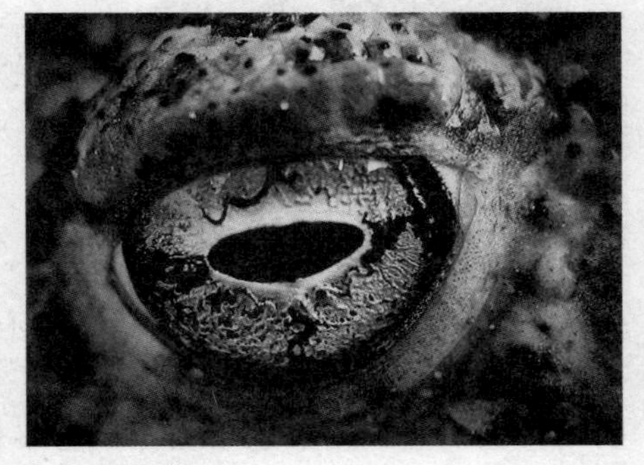

▲蛙的眼睛

蛙的眼睛与电子蛙眼

蛙眼能够敏捷地发现运动着的目标，迅速判断目标的位置、运动方向

▲电子蛙眼

▲蛙眼镜头

和速度，并且立即选择最好的攻击姿态和攻击时间。蛙眼所起的作用远远超出了一点不漏地把景物拍摄下来的照相机的工作范围。蛙眼不仅可以把所看到的物体的图像呈现在视网膜上，而且能够分析所看到的图像，挑选出特定的图像特征，然后经视神经“通报”给大脑。经过大自然的“精雕细刻”，蛙眼的这套视觉检测系统已经达到了十分完善的地步。仿生学家们弄清了蛙眼的结构及原理，“人造蛙眼”就问世了。人造蛙眼或者叫电子蛙眼，是电子眼的一种，它的前部其实就是一个摄像头，成像之后通过光缆传输到电脑设备显示和保存，它的探测范围呈扇状且能转动，类似蛙类的眼睛。人造蛙眼也有四种检测器：即抽取图像的反差、凸边、边缘和阴暗。电子蛙眼和雷达相配合，能够很好地从背景中区别出目标来，因而提高了雷达的抗干扰能力，能够快速而准确地识别出特定形状的运动物体——飞机、舰艇、导弹等。尤其是，它能够根据导弹的飞行状态，把真导弹与假导弹区分开来，从而不会被作为“诱饵”的假导弹所迷惑，去截击真正的导弹。它还可以有效地把要搜索的目标与其他物体分开，即把背景和目标区分开来，从而大大提高作战和防御的能力。

且当悬崖作平地——飞檐走壁

▲垂直攀缘

“会当凌绝顶，一览众山小。”攀岩运动以其独有的登临高处的征服感吸引了无数爱好者。由于登高山对普通人来讲机会很少，攀爬悬崖峭壁更富有刺激和挑战，所以攀岩作为一项独立的、被广大青少年所喜爱的运动迅速在全世界普及开来。攀岩也属于登山运动，攀登时不用工具，仅靠手脚和身体的平衡向上运动，手和手臂要根据支点的不同，采用各种用力方法，如抓、握、挂、抠、撑、推、压等。攀岩时要系上安全带和保护绳，配备绳索等以免发生危险。攀岩可以比得上中国古代的“飞檐走壁”，虽然没有传说中那么神奇，但是在自然界中，却有生物的确能够飞檐走壁。

壁　虎

壁虎，别名守宫，属于爬行动物。壁虎的身体扁平，身体最长不超过40厘米；体被的疣鳞小而密集，枕部有较大的圆鳞，头部背面没有对称排列的大鳞片。壁虎的四肢短，多数壁虎具适合攀爬的足。壁虎足的第一指、趾无爪，指、趾下瓣单行，指、趾间无蹼。壁虎的足趾长而平，趾上肉垫覆有小盘，盘上依序被有微小的毛状突起，末端呈叉状。这些肉眼看不到的钩可黏附在不规则的小平面。科学家通过过实验发现，壁虎能够在一块垂直竖立的抛光玻璃表面以每秒1米的速度向上高速攀爬，而且“只靠一个指头”就能够把整个身体稳当地悬挂在墙上。除了能在墙上竖直上

▲壁虎

▲飞檐走壁的壁虎

下爬行外，壁虎还能够倒挂在天花板上爬行，这一绝技更令其他动物望尘莫及。有些种类的壁虎还具可伸缩的爪。壁虎没有大脑，它的头部是中空的，两耳之间什么也没有。我们可以从壁虎的一只耳眼看进去，直接通过另一只耳眼看到外面。壁虎的中枢神经系统位于脊髓中。壁虎尾巴容易断，但大多可以再生。壁虎的断尾是一种自卫行为。当它受到外力牵引或者遇到敌害时，尾部肌肉就强烈地收缩，能使尾部断落。掉下来的一段，由于里面还有神经，所以尚能跳动，这种现象在动物学上叫作“自切”。壁虎主要吃蚊、蝇、蛾等小昆虫，对人类有益。壁虎的主要产于我国西南及长江流域以南各地区。壁虎去内脏的干制品入中药，名“天龙壁虎”，有补肺肾、益精血、止咳定喘、镇痉祛风和发散消肿的功效，可治淋巴结核、神经痛、慢性关节炎、乳房肿块。

小博士

守宫砂

守宫砂，先用赤色的所谓“朱砂”喂饲蜥蜴，待它遍体通红，就把它剁碎，成为赤泥，用这种赤泥点到女士的四肢或身体上。据说只要拿它涂饰在女子的身上，终年都不会消去，但一旦和男子交合，它就立刻消失于无形。是中国古代验证女子贞操的药物。

讲解——壁虎飞檐走壁之谜

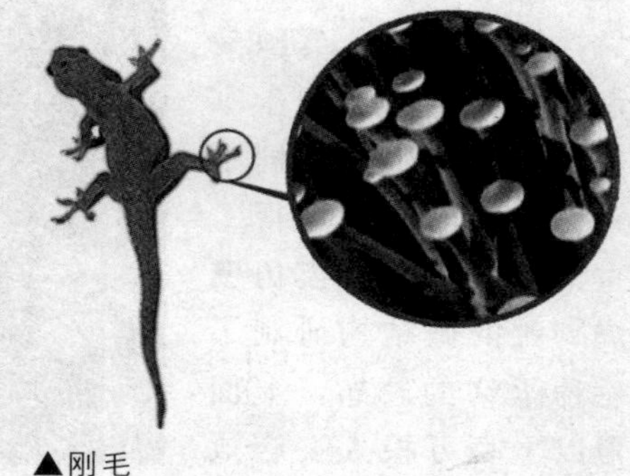

▲刚毛

壁虎能在光滑如镜的墙面或天花板上穿梭自如不会掉下来，人们普遍认为，壁虎能贴在光滑的天花板上，靠的是四个脚掌上的神奇吸盘。针对壁虎脚底的黏着力究竟是怎样产生的，科学家经过研究发现，壁虎的每只脚底部都长着数百万根极细的刚毛，而每根刚毛末端又有约400根至1000根更细的分支。这种精细结构使得刚毛与物体表面分子间的距离非常近，从而产生分子引力。虽然每根刚毛产生的力量微不足道，但累积起来就很可观。如果壁虎同时使用全部刚毛，就能够支持125公斤力。即使在真空环境下，它脚上的黏着力也不会失灵，这说明壁虎不必分泌任何物质以维持附着力，也不需要借助空气负压“吸”住物品。

飞檐走壁机器人

▲爬墙中的机器人

古希腊哲学家亚里士多德就对壁虎高明的爬行能力感到“大惑不解”。现在的科学家发现壁虎爬行靠的是四个脚掌上的神奇吸盘后，他们认为可以模仿壁虎脚底的这种结构研制超级附着技术。一些国家正在据此开发的一种强力干性黏合剂，这种黏合剂将使用一种与壁虎爪指上的绒毛类似的人造绒毛。其中研究生物力学的学

者们认为，如果能够把绒毛做得足够小，就可能产生和壁虎刚毛一样强大的黏合力。而不久后，根据报道，英国曼彻斯特大学的物理学家安德烈·盖姆及其同事宣称他们的研究取得了重大进展：他们模仿壁虎脚趾的微结构研制了一种柔韧的胶布，上面覆以上百万根人工合成的绒毛，每根毛的长度不足 2 微米。根据他们的推算，一块巴掌大的这种胶布就能将一个成年人悬吊起来。盖姆仅造出了 1 平方厘米大的壁虎胶布，为了检验其附着力，他把这条胶布固定在一个蜘蛛人玩偶的手上，结果，蜘蛛人稳稳当当地悬挂在了一块玻璃板上。壁虎胶布的意义重大，科学家希望能研制出一种会爬墙的机器人，同时也梦想让这些机器人登上火星表面。根据中新网报道，斯坦福研究设计中心副主任、机械工程教授马克·卡特科斯基领导的研究小组历时 5 年制造出了一种装有壁虎脚的机器人——“黏虫”，这种最新机器人黏虫 III，能够在任何垂直表面上攀爬，包括在光滑的玻璃上也能行走自如。另外，根据壁虎脚掌的特点有可能研制出黏合力超强的新型胶纸。它具有易于被揭下、不对物体表面造成损伤、可反复使用等优点。

▲飞檐走壁的机器人

常笑他人看不穿——伪装

人类如何隐藏自己呢？你看，右图中的那个人的隐藏技术不错吧！如果不仔细观察的话，还真被他的伪装术蒙骗过去了。人类往往通过自己的思维能力，有目的地运用一定手段、方法从而达到一定的目的。比如通过化妆、穿上与环境颜色一样的外套，给我们一个错觉。那么什么是伪装呢？伪装通常是指动物用来隐藏自己，或是欺骗其他动物的一种手段，不论是掠食者或是猎物，伪装的能力都会影响这些动物的生存概率，由于长期的自然选择，各种动物都有自己独特的伪装能力，在生物学上主要的方式包括了保护色、拟态等。实际上，好多动物的伪装技术天生比我们高明很多很多。

▲伪装

变色龙

变色龙又叫避役，属于爬行动物，体长约15～25厘米，身体侧扁，背部有脊椎，头上的枕部有钝三角形突起。变色龙的四肢很长，指和趾合并分为相对的两组，前肢前三指形成内组，四、五指形成外组；后肢一、二趾形成内组，奇特三趾形成外组，这样的特征非常适于握住树枝。变色龙的尾巴长，能缠卷树枝。它有很长

▲变色龙

▲雄性变色龙警告对方离开

▲伪装高手

很灵敏的舌，伸出来要超过它的体长的2倍，舌尖上有腺体，能分泌大量黏液粘住昆虫。它的一双眼睛十分奇特，眼帘很厚，呈环形，两只眼球突出，左右眼的视野范围180度，上下左右转动自如，左右眼可以各自单独活动，不必协调一致，这种现象在动物中是罕见的。变色龙的双眼各自分工前后注视，既有利于捕食，又能及时发现后面的敌害。变色龙用长舌捕食是闪电式的，只需1/25秒便可以完成捕食。变色龙在树上一走一停的动作使天敌误以为是被风吹动的树叶。变色龙的皮肤会随着背景、温度的变化和心情而改变；雄性变色龙会将暗黑的保护色变成明亮的颜色，以警告其他变色龙离开自己的领地；有些变色龙还会将平静时的绿色变成红色来威胁敌人，目的是为了保护自己，避免遭到袭击，使自己生存下来。变色龙是一种善变色的树栖爬行类动物，在自然界中它当之无愧是“伪装高手”，为了逃避天敌的侵犯和接近自己的猎物，这种爬行动物常在人们不经意间改变身体颜色，然后一动不动地将自己融入周围的环境之中。变色龙的这种保护色表明变色龙具有适应环境的自然保护功能。

小博士

变色龙与蜥蜴的区别

变色龙是爬行纲有鳞目蜥蜴亚目避役科的所有动物的总称。变色龙的特征为体色能变化。蜥蜴则是爬行纲有鳞目蜥蜴亚目所有动物的总称。也就是说蜥蜴除了有变色龙，还有其他如鬣蜥类、壁虎类、石龙子类、蛇蜥类、蛔蜥类等。换句话说，变色龙只是蜥蜴中的一种。

讲解——变色龙变色之谜

▲变色龙皮肤色素细胞

变色龙变色这种特征是它名字的由来，从微观上看变色龙皮肤里的色素细胞在植物性神经系统的调控下扩展或收缩来完成变色的。一般人的皮肤在阳光下慢慢会变成黑色，是因为人类的皮肤中有黑色素。而变色龙皮肤有三层色素细胞，最下面的色素细胞是由载黑素细胞构成；中间层是由鸟嘌呤细胞构成，它主要调控暗蓝色素；最外层细胞则主要是黄色素和红色素。又有科学家仔细观察发现，变色龙的表皮实际上储藏着绿、红、蓝、紫、黄、黑等各种各样的色素细胞，就像一个奇妙无穷的“色彩仓库”一般。如果周围的环境发生了变化，例如光线、湿度和温度发生了变化，或者让变色龙受到有某种刺激存在的周围，就会触动存在色素细胞周围的放射状的肌纤维丝，这些纤维能够使色素细胞伸缩自如，使得各种色素细胞的大小都各自发生着不同的变化。于是，变色龙就像一个“颜色魔术师”一般，通过调节自己的神经，随心所欲地改变身体上的颜色。

变色龙与军事伪装

▲狙击手的伪装军服

像变色龙这样变色在生物学中叫作保护色，这种用色彩来保护自己的方法给人类很大启发。在战争中，为了保护自己，消灭敌人，人们把在草原、森林地带活动的坦克、大炮等涂上绿色；把在沙漠地带活动的坦克、大炮等涂上褐色；飞机上涂上白云一样的颜色，把在大海中活动的军舰涂上海水一样的蓝白色，使之与背景颜色一致，来隐蔽战场上的军事装备和人员，起到了伪装的作用。像这样隐蔽自身战斗意图，给

▲坦克伪装

▲飞机伪装

敌方造成错觉，争取战斗的主动权的行为，就是军事伪装。伪装已是一门新兴学科，随着侦察手段的发展，促进了伪装手段的进步。不久前，英国科学家正在使用先进的材料试制一种新式“可控服装”。这种材料对大气状况很敏感，其中含有可改变颜色的电子装置，例如在严寒气候下变为白色，在高温时变成沙子颜色，使之难与背景区分。美国研制出一种能随视觉角度而变换色彩的油漆，其原理是将一种极细微的透明薄漆喷涂在汽车的黑底色上，从而产生一种类似棱镜的折射效果，于是就会产生各种不同颜色的感觉。当这种汽车在公路上行驶时，会由紫色变成红色再变成黑色、绿色、黄褐色。假如这种变色的汽车在行驶中一旦成为打击的目标，便很难被迅速击中。

竹节虫

竹节虫也称“干柴棒”，因身体修长而得名。竹节虫有翅或无翅，行动缓慢，绿色或褐色；形态像树枝，其他保护措施有长有锐刺、有臭气，虫卵形似种子。竹节虫前胸节短，中胸节和后胸节长，无翅种类尤其如此。有翅种类竹节虫翅多为两对，前翅革质，多狭长，横脉众多。足和触

▲竹节虫

角能再生。竹节虫的大部分种类身体细长，最善于伪装，当它在植物上爬时，能以自身的体形与植物形状相吻合，装扮成植物，或枝或叶，惟妙惟肖，如不仔细看，很难发现它的存在；同时，它还能根据光线、湿度、温度的差异改变体色，让自身完全融入周围的环境中，使鸟类、蜥蜴、蜘蛛等天敌难以发现它的存在而安然无恙。竹节虫奇特的隐身生存行为又比其他善拟态的昆虫技高一筹，此项隐身术的桂冠当然为竹节虫所有。少数种类的竹节虫身体宽扁，鲜绿色，模拟植物叶片，翅宽扁，脉序排成叶脉状，腹部及胫节、腿节亦扁平扩张。有些竹节虫受惊后落在地上还能装死不动。竹节虫的生殖过程也很特别，一般交配后将卵单粒产在树枝上，要经过一两年幼虫才能孵化。有些雌虫不经交配也能产卵，生下无父的后代，这种生殖方式叫孤雌生殖。竹节虫是不完全变态的昆虫，刚孵出的幼虫和成虫很相似。竹节虫常在夜间爬到树上，经过几次蜕皮后，逐渐长大为成虫，成虫的寿命很短。竹节虫在热带的种类个体大，数量多。竹节虫的种类繁多，分布广泛，是我国南方山区树林及竹林中比较常见的昆虫。因为繁殖能力强，数量很多，且因终生以植物为食，所以竹节虫是著名的森林害虫，尤其到了繁殖季节会毁掉大批树木，所以人们把它叫作“森林魔鬼”。

▲竹节虫

广角镜——竹节虫与军事伪装

▲充气式伪装飞机

虚虚实实、真真假假，这是军事上常用的手段，专业化的伪装主要指隐蔽己方并欺骗、迷惑敌方所采取的各种隐真示假的措施。中国古代孙子兵法中就有记载："实则虚之，虚则实之。"通过伪装来迷惑对方，这是军事家常用的战术。现代化的军事战争中，非常重视伪装，因为伪装不仅仅可以保护自己的武装单位，避免遭受敌军远程武器的攻击，同时更为重要的是，谁伪装得好谁就能够获得战场上的主动权。伪装的手段主要包括设置假目标，隐蔽真目标；散布假情报，实施佯动等措施。伪装在军事上的目的是使敌军的指挥系统无法得到准确的情报，并产生错觉，指挥失误；在实际的武器打击中，伪装可以降低敌方侦察器材的侦察效果和火器的命中率，增强己方部队的战斗力和生存力。其中在设置假目标这个项目中，一种类似于充气游泳圈一样的充气假目标大范围应用在战场上，敌军在侦查时看的话，几乎可以乱真。而且这种充气式的装在野外可以自行充气，快速展开成型，使用极为方便。

肢体类生物的超能力

生物是指具有动能的生命体，也是一个物体的集合，而个体生物指的是生物体。其元素包括：在自然条件下，通过化学反应生成的具有生存能力和繁殖能力的有生命的物体以及由它（或它们）通过繁殖产生的有生命的后代。经过自然选择，有许多生物有着特殊的能力，它们凭借着独特的天赋生存并繁殖。如鸟类的飞行能力就一直很明显地展现在人类的面前，因此人类观察鸟类的飞行，发明了飞机等现代先进的飞行器。这一章将为我们展现各种生物的天赋以及人类对这些天赋的思考。

欲与天公试比高——飞行

当人类遥望天空的时候，是怀着敬仰和敬畏的心情的，他们在内心中期望着某天人类也能长出美丽的翅膀，能在天空中自由翱翔。在中国的神话故事中，神龙能翱翔在天空，而最为中国人熟悉的天宫，就是一群能够翱翔于天际的仙人居住的地方。在西方的神话中，也只有神的使者，即天使，长着一对洁白的翅膀，能够飞行并且拥有着神奇的力量。从这些神话中可以看出人类对飞行的渴望。而在自然界，有许多动物就有着这样的超能力。

森林女神——蜂鸟

蜂鸟是世界上已知的最小的鸟类，属于雨燕目蜂鸟科。因为蜂鸟飞行本领高超，也被人们称为“神鸟”“彗星”“森林女神”和“花冠”。蜂鸟的特征是体表羽毛稀疏，外表呈鳞片状，会显出金属般的光泽。按照通俗的说法，蜂鸟体型偏小，它的强大飞行能力恰巧与体型有很大的关系，它可以快速拍打翅膀，使自己能够悬停在空中。目前已经知道的最大的巨蜂鸟也不过 20 厘米长，约 20 克重；最小的蜂鸟只是稍长于 5.5 厘米，重约 2 克。有一些蜂鸟雌雄外形相似，但大多数蜂鸟雌雄还是有差异的。当蜂鸟飞行时，翅膀的振动频率非常快，每秒钟在 50 次以上。最令人吃惊的是，蜂鸟的心跳特别快，每分钟达到 615 次。飞行是从古至今，最令人羡慕的能力

▲蜂鸟

▲蜂鸟在捕食昆虫

▲蜂鸟悬停

之一。古代的人类常常认为飞行是上天赐予鸟类的特殊能力，因为觉得鸟类是上天的使者。这些“使者们”可以以滑翔、喷射等形式在天空翱翔。那么，蜂鸟突出的飞行能力表现在哪里呢？别看蜂鸟体型微小，但是身体强健，两只桨片状的翅膀高速地扇动能够使蜂鸟敏捷地上下飞、侧飞和倒着飞，还能够悬停在空中。这是其他鸟类或者飞行动物所不具有的能力。而且它双翅的拍击非常迅捷，所以它在空中停留时不仅形状不变，而且看上去毫无动作，像直升机一样悬停在空中，只见它在一朵花前一动不动地停留片刻，然后箭一般朝另一朵花飞去。它用细长的舌头探进花的蕊中，吮吸它们的花蜜，仿佛这是它舌头的唯一用途。并且蜂鸟能飞到四五千米的高空中，速度可以达到每小时50公里，而且蜂鸟有迁徙的习惯，因此人们很难看到它们。据悉，加拿大蜂鸟每年冬天都要从寒冷的落基山脉飞行数千公里抵达温暖的墨西哥地区过冬，等到来年春天，它们还要再次千里迢迢地返回落基山繁育后代。小小的蜂鸟并不软弱，它在狂怒的时候会去追逐比它大20倍的鸟，附着在它们身上，反复啄它们，让它们载着自己翱翔，一直到它的愤怒平息。有时，蜂鸟之间也会发生非常激烈的搏斗。

小博士

不会飞的鸟

不会飞的鸟是指已失去飞行能力的鸟类，取而代之的是奔跑及游泳的能力。虽然如此，但人们普遍相信它们都是由会飞行的祖先进化而来。现存约有40种不会飞的鸟类，包括企鹅、鸵鸟及鹬鸵（奇异鸟）等。

讲解——鸟类飞行秘密

为什么鸟类能在天空中自由飞翔呢？鸟类会飞的关键在于经过自然选择进化之后，鸟类的身体各个部分都发展到能与飞翔相适应。鸟类的身体呈纺锤形，具有流线型的轮廓，这有利于减少飞行时的空气阻力，而且鸟类体表覆盖着细细的羽毛，有利于在飞行时增加空气浮力。另外鸟类的骨骼很特殊，具有薄、轻、坚的特点。骨头中央充满气体，内有骨丛支架，这就减轻了鸟类的体重，易于飞翔。而且鸟类的翅膀结构很复杂，它能巧妙地运用空气动力学原理，当上下扇动或上下举压时，翅膀就能推动空气，利用反作用原理向前飞行；鸟的羽毛生长得合理，能有效地减少飞行时遇到的空气阻力，有的还能起到除震降噪的作用。鸟的尾羽起舵的作用，可以在飞行中掌握方向，同时也能协助翅膀起着增加浮力的作用。对于种类不同的鸟来说，它们的翅膀也并不相同，由于翅

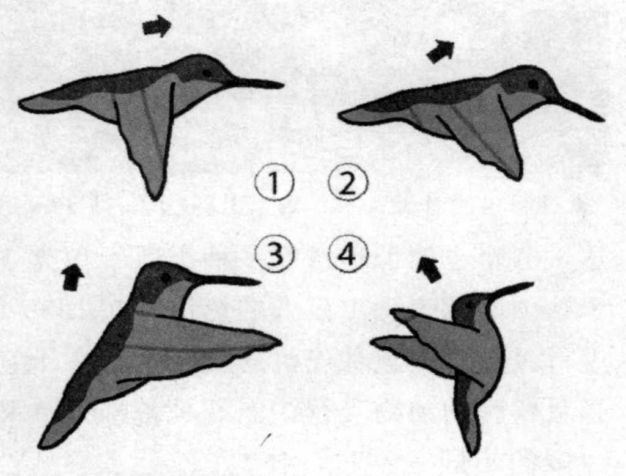

▲蜂鸟飞行动作分解图

▲飞行的各种动作

膀的差异，造就了鸟类不同的飞行能力，有些能飞得很高，有些能够飞得很快。

扑翼飞机

▲飞行中的扑翼飞机，翼呈上扬状态（UTIAS 照片）

不管是过去还是现在，人类对于飞行的梦想一直没有停止过。古代的人类为了追求飞行的乐趣，进行过许多有趣的实验，其中中国人万户曾经用火箭把自己送上天去，也有人曾经用鸟类的羽毛制造了翅膀，可是却无法飞行。在西方 15 世纪初的时候，意大利著名学者达·芬奇也悄悄地进行一种类似于鸟类飞行的扑翼机的研究。意大利人对于这项研究表现出极大的热情，在 1930 年，一架意大利的扑翼机模型曾经进行过试飞。这种飞机的特殊性就在于它完全模仿鸟儿、蝙蝠等具有多个膜状翅膀的动物飞行，能既具备推力，又具备提升力，与如今的飞机有着许多的不同。不过，扑翼机的特殊性也导致了每次实验的结果都逃不过失败的命运，即使在最理想情况下，也只能上下蹦跳几下，最恶劣的结果则是机毁人亡。随着科技的不断发展，本已经在人们眼中逐渐淡忘的研究又再次出现在人们的眼前。有报道称第一架正式的“扑翼飞机”已由加拿大和美国的

▲“青燕”引射扑翼飞机效果图

▲以往试验中的跳跃离地，翼呈下摆状态（UTIAS 照片）

科学家成功研制出，它的名字叫“门特”。在有些科学家看来，门特不仅仅算是一架飞机，它也可算是一个可以拍打自身机翼的飞行机器人。有军事家认为，扑翼飞机那扑动的机翼比美军在阿富汗战争、伊拉克战争中使用的无人侦察机的固定式机翼更具优势。因为它可以像昆虫和鸟类那样低速飞行、盘旋、急转弯甚至倒飞。它的动力是通过自身机翼的扇动产生的上下大气压而形成的一种涡流，所以理论上这种飞机可以像鸟类一般灵活。据报道，美国五角大楼的陆军研究局和海军研究局都对该计划表示支持，并将其列入 2004 年资助名单中。另外美国宇航局（NASA）对于这样的“受生物启发的飞行”的飞机产生了浓厚的兴趣，他们希望能够将扑翼飞机应用到未来的太空战略之中，探索未知的星球。为此，美国宇航局还就此课题在美国弗吉尼亚州汉普顿兰利研究中心举行过专门的会议来讨论这个问题。这也使得人们对于飞行有了一种新的见解。

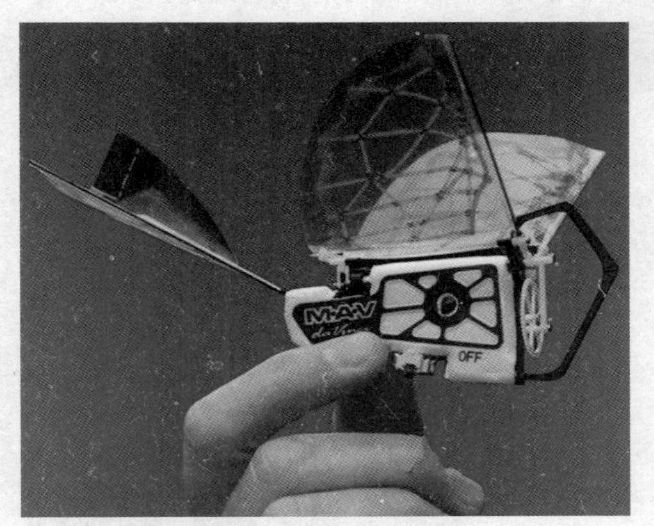

▲世界上最小的达·芬奇扑翼飞机

靓影刺破水中天——瞬间冲刺

▲火车

古代人类最佳的交通工具就是自己的双脚，而后人们发现滚动比步行要快，于是出现了带着轮子的车。中国三国时代，诸葛亮发明木牛流马，就是类似于车的交通工具。随着世界的变化，人们开始不停地提高各种交通工具的速度，追求越来越快的感觉。火车就是一个例子。在1804年，由英国的矿山技师德里维斯克利用瓦特的蒸汽机造出了世界上第一台蒸汽机车，时速只有5至6公里。而在当今高新科学技术的支持下，人们开始提高火车的动力和减小铁轨与火车之间的摩擦力，使得火车越来越快。但是火车的速度快到了一个极限，却始终无法再次提高了。然而，科学家们在自然界的生物身上发现了解决的办法。

翠　鸟

在河塘边，我们可能见过这样一种美丽的鸟，它的名字叫作翠鸟，它是翠鸟科里数量最多、分布最广的鸟类之一。回忆一下，我们知道翠鸟的体型大多数矮小短胖，大约15厘米左右的身长，与麻雀类似。但是翠鸟身体上的整体色彩却是十分鲜丽。它的头至后颈部为布满蓝色斑点的带有光泽的深绿色，而背

▲翠鸟

部到尾部为光鲜的宝蓝色，翅膀亦是带有蓝色斑点的绿色，腹面却是明显的橘红色。其余部位也有不同的色彩，例如喉部有一大块白斑，嘴和脚均为赤红色。虽然翠鸟的体型和啄木鸟的很相似，但是因翠鸟背和面部的羽毛翠蓝发亮，所以人们用翠鸟称呼它们。翠鸟的身体强壮，嘴巴很长，大约有10厘米左右，但是腿特别短。令人觉得很奇怪的是，翠鸟的头部大小与身体不相称，但是这不影响水栖性翠鸟成为捕猎鱼和其他水生动物的高手，水栖性翠鸟是翠鸟中最常见的类群，是常于水边出现的中型鸟类。令人惊奇的是翠鸟性孤独，平时常独栖在近水边的树枝上或岩石上，伺机猎食，食物以小鱼为主，兼吃甲壳类和多种水生昆虫及其幼虫，也啄食小型蛙类和少量水生植物。当翠鸟扎入水中后，还能保持极佳的视力，因为，它的眼睛进入水中后，能迅速调整水中因为光线造成的视角反差。所以翠鸟的捕鱼本领几乎是百发百中，毫无虚发。根据调查，中国的翠鸟主要有3种：斑头翠鸟、蓝耳翠鸟和普通翠鸟。我们日常所见的翠鸟就大部分是普通翠鸟。

▲翠鸟展翅

▲翠鸟捕食

小知识

翠鸟被人们封为“捕鱼能手”，并与虎、狗相提而称之为“水狗”“鱼虎”和“鱼狗”等名称。翠鸟也叫蓝翡翠、秦椒嘴、大翠鸟、叼鱼郎。

小贴士——翠鸟捕食

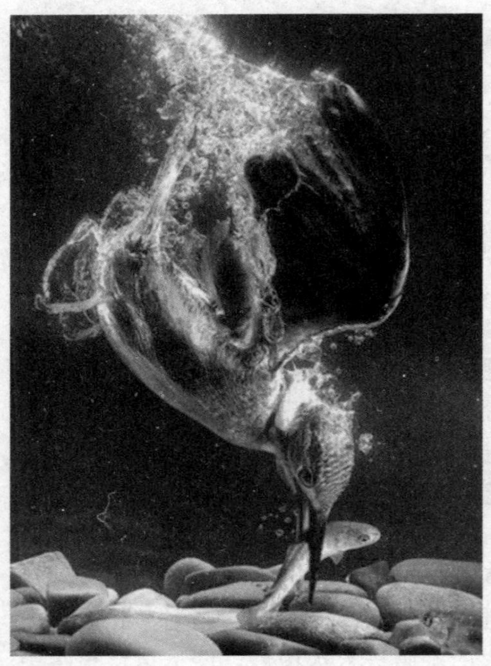
▲翠鸟高速俯冲直插水中捕食

在自然界中，翠鸟高超的捕鱼本领是非常有名的，这主要归功于翠鸟的天赋。翠鸟的嘴巴长而坚硬，尖锐而且直，有角棱的结构。这些特征使得翠鸟能够在捕捉鱼类的时候占尽优势。另外，值得称道的是翠鸟天生有一种人类无法做到的俯冲绝技。翠鸟在平时以直挺的姿势栖息在水旁，很长时间一动不动，眼睛死盯着水面，等待鱼虾游过。每当看到鱼虾，立刻以迅速凶猛的姿势、闪电般的速度直接捕捉，或是从空中高速俯冲而下，直扑水中迅疾地叼起小鱼，然后破水而出，享受美食，再回到栖息地等待。有时，还可以看到它鼓翼飞翔在距离水面5～7米的空中，好像悬挂在空中，俯头注视水面，关注水中悠闲的鱼儿，准备伺机而动；有时像火箭一样紧贴水面飞行，伴以尖锐的“唧——唧——唧——”的鸣叫声，其叫声响亮而单调，无音韵。翠鸟的飞行速度极快，最高时速可达约 96.6 千米。因此，人们很难抓拍到翠鸟捕鱼的瞬间。

新干线列车

利用翠鸟的仿生技术而制造的火车，目前在许多国家都发挥着巨大的作用，日本的“新干线”列车是连接日本沿太平洋地带的高速铁路，全称为“高速铁路运输系统新干线”。它是一种在铁轨上行驶的特制的电气化火车，火车头是流线型的。第一列“新干线”列车是在 1964 年建造出来

的，它的速度达到每小时193千米。在当时而言，它是一种速度非常快的列车，可是在运行的过程中人们发现，如此快的速度却有一个不利方面，列车驶出隧道时总会发出震耳欲聋的噪音。

▲早期新干线列车

为什么会发出噪音呢？不久之后，日本工程师经过测试发现，新干线列车总在不断推挤前面的空气，使列车前的空气形成了一堵“风墙”。当这堵墙同隧道外面的空气相碰撞时，便产生了震耳欲聋的响声。这堵“风墙”对于火车的运行有着巨大的阻力，为了破解这个难题，日本的科学家们研究了善于俯冲的鸟类——翠鸟。翠鸟生活在河流湖泊附近高高的枝头上，经常俯冲入水捕鱼，它们的喙外形像刀子一样，能瞬间穿透空气，从水面穿过时几乎不产生一点涟漪。对于这个发现，日本的科学家们对不同外形的新干线列车进行了实验，他们将火车头的外形

▲新干线列车 N700

▲新干线列车 300 与 N700 车头对比

仿照各种鸟类的喙的外形不断地进行改变，然后进行不同程度的测试，发现最能穿透那堵风墙的外形几乎同翠鸟的喙的外形一样。根据报道，2007年7月，日本崭新的N700型新干线列车正式投入运营，其设计最高时速为340千米，在弯道行驶的最高速度可达每小时270千米；它的每节车厢长25米，宽3.3米，高3.6米。所有车厢配备了高性能半主动减振器，使得刹车时车厢较平稳；车厢内有空调换气系统，更符合人形体特点的座椅以及多媒体彩色信息提示装置等。在节能方面，N700型列车除采用车头两侧“双翼”设计以减少行驶阻力外，还采用新的材料和制造工艺以减轻车体重量，从而使列车更加节能。N700型列车将逐渐替换目前的新干线300、500型列车，成为新一代新干线的主力车型。现在，日本的高速列车都具有长长的像鸟喙一样的车头，令其相对安静地离开隧道。这让人们对于翠鸟的能力也是大为惊叹。

超级“摇头党”——防震

如果用我们的头部去撞墙壁，轻轻地撞一下或几下，可能会引起头昏。但如果不停地撞，哪怕是轻轻的也会让我们头昏脑涨，甚至会引起脑震荡。严重的话可能昏迷甚至有生命危险。原来我们人类的头部是非常脆弱的，经不起外力的撞击。如果我们头部遭受外力打击后，会发生脑功能障碍，这样会给今后的生活带来不便。比如有短时间的意识障碍，醒后有短暂的逆行遗忘，而无器质性损伤的征象。头痛头晕、恶心、耳鸣、失眠健忘等等，这些都是典型的脑震荡的特征。因此平时要格外小心，保护好我们的头部，以避免被硬物撞击。

啄木鸟

▲大斑啄木鸟起飞

如果一棵树生了虫子，我们知道最好的除虫方式就是利用啄木鸟除虫。其实啄木鸟指的不仅仅是一种鸟，而是鸟纲䴕形目啄木鸟科里的所有鸟类通称。啄木鸟的嘴巴强直得就像凿子一样，它的舌头很长而且能够伸缩。啄木鸟通常喜欢用喙钻洞，在枯木中凿洞作为巢穴，另外它们也是用喙来探寻树皮下的昆虫。当春天来到的时候，雄啄木鸟会在各自领域大声鸣叫，除了啄击空洞的树干，偶尔还敲击金属，从而增加声响，以吸引雌啄木鸟。当然这只是在春天才会发生的，其他季节的啄木鸟是非常安静的。啄木鸟形体大小差别很大，不同种类的啄木鸟的体长从十几厘米到四十多厘米不等，它们喜欢独栖或成双活动，没有群居的习惯。许多啄木鸟

▲黑啄木鸟

▲巢里的啄木鸟

一生都在树木上度过，不会到处迁徙。它们在树干上螺旋式地攀缘，用尖锐的喙捕捉害虫。因为有许多害虫潜藏树木的深处，能够让树木枯死，目前众所周知的只有啄木鸟才能把虫子从树干中掏出来吃掉，所以大家都叫啄木鸟是“森林的医生”。当有些虫子啄木鸟的长舌头够不着的时候，它会巧施“击鼓驱虫”的妙计，采用声波骚扰战术，通过声音能准确寻找到害虫躲藏的位置。当它测知虫穴部位之后，便用硬喙重重敲击，或上或下，或左或右，使树干孔隙发生共鸣，躲在里边的小虫晕头转向，感到四面受敌，就四处逃窜，往往企图逃出洞口，而恰好被等在这里的啄木鸟擒而食之。啄木鸟的这种巧施“击鼓驱虫”的妙计，使它能把整株树里的害虫全部消灭。一般情况下，啄木鸟要把整株树的小囊虫彻底消灭才转移到另一棵树上，遇到虫害严重的树，它就会在这棵树上连续工作几天，直到将害虫全部清除为止。所以，啄木鸟的存在对于林业而言是非常有利的。

生物趣闻

啄木鸟的舌头长在鼻孔里

啄木鸟的舌头细长而富弹性，舌根是一条弹性结缔组织，它从下腭穿出，向上绕过后脑壳，在脑顶前部进入右鼻孔固定，只留左鼻孔呼吸，这种“弹簧刀式装置”可使舌能伸出喙外达12厘米长，加上舌尖生有短钩，舌面具有黏液，所以舌头能探入洞内钩捕5目7科30余种树干害虫。

讲解——啄木鸟防震技术

啄木鸟攀缘在树上用尖而长的嘴敲打坚硬的树皮，取食害虫，因此头部摇动的速度非常快，达到了每秒580米，比子弹飞的速度还快。它头部所受的冲击力等于所受重力的1000倍。如一辆时速为50千米的汽车撞在一堵墙上所受到的冲击力，仅为重力的10倍，但车头及砖墙却被撞得粉碎。可想而知，它的头部则不可避免地要受到非常剧烈的震动。因此有人就担心起来，啄木鸟头部受到如此大的冲力，头部会不会被撞坏，或者头晕而患脑震荡呢？实际上它既不会得脑震荡，也不会头痛。为什么啄木鸟有这种奇特的本领呢？主要原因在于啄木鸟的头部很特殊：头颅坚硬，骨质松而充满气体，似海绵状；头的内部有一层坚韧的外脑膜，在外脑膜与脑髓间有狭窄的空隙，它可以减弱震波的流体传动。还有，啄木鸟的下颚底部有软骨，可以缓冲撞击。它的下颚是由一块强有力的肌肉与头骨联结在一起的，在撞击之前这块肌肉快速收缩，也起到了缓冲作用，让撞击力传到头骨的底部和后部，绕开了大脑。由于啄木鸟具备了得天独厚的防震“法宝”，从而使啄木鸟不会发生脑震荡。

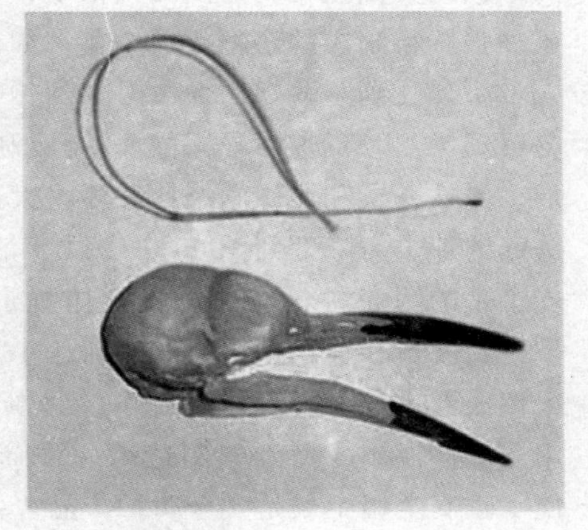

▲啄木鸟头部骨骼图

安全帽

科学家们解剖了啄木鸟的头部，经研究发现，在啄木鸟的头上至少有三层防震装置。它这种精妙的防震构造原理给防震工程学提供了安全运动防护帽和防震盔的正确设计方案。现在的安全运动防护帽和防震盔是由帽壳、帽衬、下颏带和后箍组成。帽壳呈半球形，坚固、光滑并有一定弹性，里面为一个松软的套具，打击物的冲击和穿刺动能主要由帽壳承受。帽壳和帽衬之间留有一定空间，可缓冲、分散瞬时的冲击力，从而避免或减轻对头部的直接伤害。帽中再加上一个防护领圈，以防止在突然碰撞时造成旋转运动，这些都是从啄木鸟的习性和解剖学研究中所得到的启示。一般来说，现在常用的安全帽有矿工和地下工程人员等用来保护头顶而戴的钢制或类似原料制的浅圆顶帽子；在工业生产环境中戴的通常是用金属或加强塑料制成的轻型保护头盔，如施工或采矿时工人戴的帽子。当作业人员头部受到坠落物的冲击时，利用安全帽帽壳、帽衬在瞬间先将冲击力分解到头盖骨的整个面积上，然后利用安全帽各部位缓冲结构的弹性变形、塑性变形和允许的结构破坏将大部分冲击力吸收，使最后作用到人员头部的冲击力降低到 4900 牛顿以下，从而起到保护作业人员头部的作用。安全帽的帽壳材料对安全帽整体抗击性能起重要的作用。在高温的情况下，经测量，安全帽里的温度高达 46℃，这样的高温已经对建筑工人的健康构成严重危害。现在发明了一种新型安全帽，是利用热空气分层原理，用一次性注塑成型工艺制造的一种降温帽子。经测试，其降温效果极好，使本款安全帽不仅是安全防护产品，并且兼具遮阳降温功能。

曾闻碧海鲲鹏游——巨型

▲巨人假想图

人类不停地追求更强大的力量和更加庞大的体型，或许在人类的心目中，有着对于巨大体型生物的一种畏惧。根据神话传说，古代就有泰坦巨人。据说，泰坦巨人有着神奇的力量，乃至于到了现代还有许多地方都流传着巨人的传说，例如中国神农架野人。19 世纪时，考古学盛行，曾经报道说在马来西亚发现了巨人的骨骼化石，一个头骨就有 2 米多长，当然这也只是一个传言。那么，在动物界又有哪些生物具有庞大的体型呢？

鲸 鱼

▲虎鲸

中国的古代，曾经有一个传说，就是海中有一种奇特的鱼，称做鲸，当鲸鱼成年的时候可以化做天上的鲲鹏。而在西方，鲸鱼被称做“海怪”，由此可见，古人对这类栖息在海洋中的庞然大物所具有的敬畏之情。可是现在的生物学家们要告诉大家的是，鲸鱼的体型差异很大，有些鲸鱼身长只有 1 米左右，而有些鲸鱼可以达到 30 米以上。鲸鱼的体重上也有很大的区别，最重的鲸鱼可达 170 吨以上，最轻的鲸鱼只有 2 吨。当然，作为鱼类的一个特别种类，鲸鱼有着许多共同点。首先大部分鲸鱼生活在海洋中，有少部分鲸鱼栖息在淡水环境中，它们的体形均呈流线型，非常适合游泳；另外鲸鱼与人类一样，都是属于哺乳动物，具有胎生、哺乳、恒温和用肺呼吸等特点，与鱼类完全不同。根据科学调查，全世界的鲸鱼种类大概有 80 余种，而中国海域的鲸鱼种类有 30 多种。在生物学上，一般都将它们分为两类；一类口中有须无齿，称须鲸，共 11 种；另一类口中有齿无须，叫齿鲸，共 70 多种。鲸的体长从 1 米到 30 多米不等。鲸类动物的共同特点是体温恒定，大约为 35.4℃左右。鲸的皮肤裸出，没有体毛，仅吻部具有少许刚毛，没有汗腺和皮脂腺。鲸的皮下脂肪很厚，可以保持体温并且减轻身体在水中的比重。鲸的头骨发达，但脑颅部小，颜面部大，前额骨和上颌骨显著延长，形成很长的吻部。鲸的颈部不明显，颈椎有愈合现象，头与躯干直接连接。鲸的前肢呈鳍状，趾不分开，没有爪，肘和腕的关节不能灵活动，只适于在水中游泳。鲸的后肢退化，但尚有骨盆和股骨的残迹，呈残存的骨片。鲸的尾巴退化成鳍，末端的皮肤左右向水平方向扩展，形成一对大的

▲白鲸

▲抹香鲸

▲蓝鲸

▲露脊鲸

尾叶，但并不是由骨骼支持的，脊椎骨在狭长的尾干部逐渐变细，最后在进入尾鳍之前消失。鲸的尾鳍和鱼类不同，可上下摆动，是游泳的主要肢体。有些种类的鲸鱼还具有背鳍，用来平衡身体。鲸的骨骼具有海绵状组织，体腔内有较多的脂肪，可以增大身体的体积，减轻身体的比重，以增大浮力。蓝鲸是世界上最大的哺乳动物。它身长可达 30 米左右，平均体重 150 吨，一张嘴就可以打开容得下 10 个成年人自由进出的宽度。蓝鲸浑身是宝，它的脂肪可制肥皂；鲸肉营养丰富；鲸骨可提炼胶水；鲸肝含有大量维生素；血和内脏器官又是优质肥料。所以吸引了许多人去猎取这种温顺的动物。

广角镜——鲸鱼的呼吸

▲鲸鱼喷水

鲸是终生生活在水中的哺乳动物，用肺呼吸。它的肺活量大，可容纳 15000 升气体，下潜时贮存大量氧气，上浮时呼出大量二氧化碳，这是它能长潜的奥秘之一。一般情况下，鲸鱼在水面吸气后即潜入水中，可以潜泳 10～45 分钟。它的鼻孔生在头顶，并有开关自如的活瓣，当浮出水面换气时，活瓣就会打开，同时鼻孔里喷出一片泡沫状的气雾，很多人以为这是一股水柱，其实这是它呼出的热空气，这些热空气接触到外

界冷空气后就凝结成小水柱而形成了白色的雾柱。鲸鱼不能上岸，原来跟它笨重的体积有关。它的肋骨、胸骨都非常脆弱，胸腔壁也很柔软，而腹腔又没有骨骼支撑。所以当它在水里生活时，由于水的浮力大，它就不会有任何不舒适或不方便的情形。可是，一旦当它被放在陆地上时，由于身体巨大的重量，脆弱的骨骼实在没办法支撑重压，于是胸腔和腹腔、肺和心以及其他的内脏，便会受到严重压迫，导致呼吸、血液循环发生极大的困难和障碍。因此，可怜的鲸鱼如果被人类捕捉上岸，它在很短的时间内就会因窒息而死亡。

鲸背效应

据早先俄罗斯媒体报道，俄罗斯军队曾经举行过20多年来最大规模的陆海空三位一体战略核演习，吸引人注意的是这次演习中俄罗斯海军战略力量核潜艇将从北冰洋下发射一枚战略核导弹。这场演习不仅有1982年6月苏联那场“7小时核战”的精彩之处，而且人们非常关注潜艇如何从厚厚的北极冰层下发射战略导弹。

▲鲸鱼的背部

▲国产潜艇紧急上浮训练

战略导弹核潜艇能长时间潜航在厚厚的冰层下执行战斗任务，比在能见度很好的海水里更隐蔽，更具有威胁性。但是，如果核潜艇想在冰下发射导弹，就必须破冰上浮，这就碰到了力学上的难题。这个难题解决难度大且不利于海战。那么军事

上是如何解决这个难题的呢？这就牵涉到了众所周知的鲸鱼。鲸是海洋中的哺乳动物，它每隔几十分钟必须破冰吸一次气。巨大的鲸背，像海中的一个小岛，又像一个小山，当鲸上浮换气时，不仅会对冰层产生巨大的上浮压力，坚硬的鲸背还像一把利剑一样，使厚厚的冰层破裂。这一过程气势恢宏。潜艇专家从鲸每隔几十分钟就要浮出水面呼吸一次的现象中得到启迪，于是在潜艇顶部突起的指挥台围壳和上层建筑上，做了加强材料力度和外形仿鲸背处理，果然取得了破冰时的“鲸背效应”。再加上其他破冰方式的配合作用，潜艇在冰面就可出没自由了。

▲美国核潜艇破冰而出训练

链接——驼背鲸与风扇叶片

▲驼背鲸

当前面对着世界能源危机，各国的科学家们都在寻找着各种可行的能源节省方法。其中美国宾夕法尼亚大学流体动力学专家、海洋生物学家弗兰克·费什教授表示，他从驼背鲸的鳍状肢得到启示，发明了一种新的风扇叶片。驼背鲸的鳍状肢前部具有垒球大小的隆起，它们在水下可以令鲸鱼轻松地在海洋中游动。但是，根据流体力学原则，这些隆起应该会是鳍的累赘，但现实中却帮助鲸鱼游动自如。于是，费什将一个 12 英尺（约合 3.65 米）长的鳍状肢模型放入风洞，结果发现这些结节的隆起使得鳍状肢更符合空气动力学原理。

▲亚洲最大的风力发电厂

因此费什提出了“结节效应”，它们排列的方位可以将从鳍状肢上方经过的空气分成不同部分，就像是刷毛穿过空气一样。这个发现不仅能用于各种水下航行器，还应用于风机的叶片和机翼，可以令空气动力学效率比标准设计提升20%左右。根据科学家预言，这项技术的最大用途是用于风能，将使风力发电产业发生革命性变革，令风力的价值比以前任何时候都重要。

愿化寒者衣——作茧自缚

人类最初用树皮和兽皮做衣服，到原始社会后期人们学会了利用野生植物纤维做衣着材料——葛布。苎麻布的发明比葛布要晚些，因为用苎麻织布过程远比葛布复杂。直到秦汉时期，苎麻布才开始普及到民间。唐宋以后，苎麻布无论在数量上还是在质量上都有很大的提高，而且品种繁多，花样百出。在当时，苎麻布誉满全球，可称为中国一绝，但是，无论是葛布还是苎麻布都有自己的缺点，那就是很难染色。在葛布和苎麻布盛行的时候，另一种更美丽的、更珍贵的衣料已经崛起，它就是丝绸。相比之下，蚕吐出来的丝有许多优点，如轻盈、易染色，可做成五光十色的丝帛，十分美丽光洁，而且远销世界各地。

蚕

▲蚕

说起蚕，就让许多中国人想起了一些常常听到的神话传说。根据《太平广记》等杂记中记载，古代中国人称呼蚕为“马头娘”。而在生物学上，蚕是蚕蛾科昆虫的一种，是蚕蛾的幼虫，它吐出的丝可以作为丝绸的原料。中国人养蚕主要是从中国北部开始，古代传说中是由“嫘祖”开始驯化野生蚕在室内饲养，主要的食物为桑树的叶子。蚕对于人类的贡献非常大，可是蚕的一生却很短，一般只有 40 天左右，变化过程为经过蚕卵、蚁蚕、熟蚕、蚕茧、蚕蛾。如果我们就近观察蚕吐丝结茧时就会发现，蚕的头会不停摆动，将丝围着自己的身体编织成一个个排列整齐的 8 字形丝圈。在每织一个丝列，

▲蚕与茧

▲雌蚕蛾产卵

也就是 20 个丝圈的时候，蚕就会改变身体的位置，然后继续同样的过程。家蚕的茧总是两头粗中间细，因为家蚕总是织完一头再织另外的一头。根据统计，家蚕每结一个茧，需变换 250～500 次位置，编织出 6 万多个 8 字形的丝圈，每个丝圈平均有 0.92 厘米长，一个茧的丝长可达若干千米。每次蚕都会将丝腺内的分泌物完全用尽，才化蛹变蛾，人们通常称它为蚕蛾。蚕蛾的形状与普通的蛾类一样，全身披着白色鳞毛。蚕蛾的头部呈小球状，长有鼓起的复眼和触角。雌、雄蚕蛾的触角皆为栉齿状，雄性栉齿略长。蚕蛾的喙退化，下唇须短小。蚕蛾的胸部长有三对胸足及两对翅，腹部已无腹足，末端体节演化为外生殖器。雌蛾体大，爬动慢；雄蛾体小，爬动较快。雄蛾的翅膀能飞快地振动，寻找着配偶。一般雌雄蚕蛾交尾 3 小时后，雌蛾就可产下受精卵。交尾后雄蛾即死亡，雌蛾约花一个晚上可产下约 500 个卵，然后也会慢慢死去。家蚕的虫及蛹可以食用，并有食疗功效。养蚕和利用蚕丝是人类生活中的一件大事，至少在 3000 年前中国已经开始人工养蚕。蚕在人类经济生活及文化历史上有重要地位，因为家蚕具有久远的历史和经济上的重要性，其基因已成为现代科学的重要研究对象。

万花筒

天蚕

天蚕是以壳斗科柞属植物的叶为食料的吐丝结茧的经济昆虫之一。天蚕属鳞翅目，大蚕蛾科，又名山蚕。天蚕茧色为绿色，能缫丝，丝质优美、轻柔，不需要染色而能保持天然绿色，并具有独特的光泽。用天蚕丝织成的丝绸色泽艳丽、美观，是高级的丝织品。

小贴士——丝绸与保健

自从人类使用蚕丝以来，真丝就有“丝绸皇后”的赞誉，只是一直以来真丝是贵族们才能够享受的丝绸。真丝一般指蚕丝，包括桑蚕丝、柞蚕丝、蓖麻蚕丝、木薯蚕丝等。到了现代，普通百姓也开始接触到这样的织品，在人们穿着的过程中发现真丝对人体有着许多的保健作用，于是人们又赋予了它“健康纤维”“保健纤维”的美称。根据有关报道，真丝纤维中含有人体所必须的18种氨基酸，与人体皮肤所含的氨基酸相差无几。真丝主要是蛋白质纤维，具有良好的紫外线吸收性。而且它是一种多孔纤维，因此具有良好的保温、吸湿、散湿和透气的性能，对人体的皮肤能够起到一定的保护作用。常见的真丝面料品种大致有双绉、重绉、乔其烂花、乔其、双乔、重乔、桑波缎、素绸缎、弹力素绸缎、经编针织等几大类。

▲真丝服装

蚕丝与人造纤维

▲醋酯纤维

▲人造纤维生产车间

▲喷射合成纤维混凝土

蚕丝的使用最早是来自于中国，18世纪以前，中国的丝绸织造术比任何其他国家先进得多。东方织物精细、华美，深受欧洲贵族们的喜爱，因此只能大量从东方高价购买。于是诞生了历史上著名的“丝绸之路”，并且丝绸之路一直延续了十几个世纪。于此可见蚕丝的魅力。蚕丝是一种天然纤维，它来自于熟蚕结茧时所分泌丝液凝固而成的连续长纤维。为了不走这么远的路，也为了让欧洲有自己的丝绸，于是欧洲人决心发明能够替代丝绸的纺织物。一个名叫乔治·安德玛斯的人在1855年使用硝化纤维素溶液模仿蚕吐丝的过程，制取了拉延的纤维。但这种纤维短而脆弱，还不具有实用价值。后来在1884年，法国化学家柴唐纳特利无意中发现照片的底片溶解在酒精和乙醚的混合溶液中，制成一种黏稠的液体，把这种液体从直径1毫米的小孔中挤压出来，当酒精和乙醚挥发之后，就凝固成细长而美丽的丝了，于是人造丝终于诞生了。可惜的是，人造丝是一种易燃物质，如果做成衣服的话，非常容易着火，使得当时没有人愿意去承担这样的

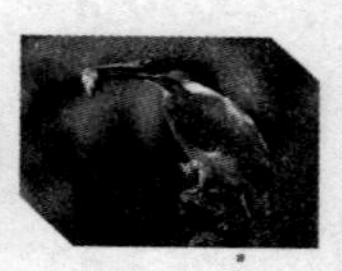

后果。于是柴唐纳特继续深入研究，终于从硝化纤维素中把易燃物质提取出来，制成了“保险的丝”。更令人称道的是，在1891年，英国化学家克鲁斯和贝文研究出利用旋箱在离心力作用下边脱水边纺丝的方法，这是现在应用最广的生产人造纤维的方法。粘胶人造丝既安全又便宜，在各类纤维产量中仅次于棉花。最初的合成纤维于1932年由美国开始生产，产品称为尼龙。生产尼龙的原料采用的是氢、氨、硝酸及苯酚，当时大部分用来制作袜子和内衣裤。此后，科学家们又陆续试制出多种合成纤维，如现在广泛使用的塑料、涤纶、特利纶等。各种合成纤维的涌现带来了服装的大变革。今天，由于科技的发展，技术的不断提高，原料来源广泛，使得我们服装面料日益更新，如涤纶、锦纶、腈纶、丙纶、氯纶等。而现在的科技也使得这些纤维不仅仅能够用于人类的衣物，同样也使用在建筑物的“衣服”之中，使得建筑物更能够承受风吹雨打。从蚕丝到现在的各种人造丝，人们不得不佩服生物的超级能力，无数的人类都受到了它的恩惠。

微小的擎天之躯——大力

当人举起一件东西，你有没有想过一个人到底拥有多大的力量呢？根据科学家的计算，发现一个人全身共有600多块肌肉，这些肌肉看起来很柔弱，但是它们收缩的时候迸发出来的力量相当惊人。有人作了这样的假设，如果一个人全身3亿根肌肉纤维同时朝着一个方向收缩，将会产生245000牛顿的力，相当于一部起重机所能提起的重量。从中，我们可以发现生物体的潜力其实是无限的。有许多生物看起来非常小，可是它们却拥有人类难以想象的巨大力量，有些人称它们为生物界的“大力士”。

蚂　蚁

▲切叶蚁

我们蹲在屋子的角落里或在树干上会看到一种叫作蚂蚁的昆虫，它们总是川流不息地忙于搬运食物。实际上，蚂蚁是一种社会性的昆虫，它的体型一般较小；颜色有多种，比如黑、褐、黄、红等。它身体的表面富有弹性，有的蚂蚁表面是光滑的，有的蚂蚁表面有毛。蚂蚁有咀嚼式的口器和发达的上腭。蚂蚁那膝状弯曲的触角，有4～13节，柄节很长，末端2～3节膨大。蚂蚁躯体分头、胸、腹三部分，共有6条腿。它的腹部第1节或1、2节呈结状。在蚂蚁的社会里有明确的等级制度，社会的最高统帅是蚁后，它是生殖能力很强的雌蚁。在蚂蚁群体中蚁后的身体是最大的，特别是腹部大，生殖器官发达。蚁后的触角不长，胸足小，它

一生只负责产卵，让这个家族延续下去。与蚁后交配的是雄蚁，它头圆小，上腭不发达，触角细长，有着发达的生殖器官和外生殖器。雄蚁和蚁后交配后大多离开群体死去。在这个社会的最基本阶层是工蚁，一般在大家庭中个体最小，但数量最多。工蚁的身体呈棕黄色，没有翅，是没有发育好的雌性蚂蚁。它们要负责照顾蚁后和幼蚁、挖洞、搜集食物等较复杂的工作。它们的一生就这样辛苦地劳动着，是蚂蚁社会中最辛勤、最勇敢的。蚂蚁需要经过卵、幼虫、蛹阶段才发展成成虫。蚂蚁的卵呈不规则的椭圆形，乳白色；幼虫蠕虫状半透明，幼虫阶段完全由工蚁喂养，没有任何能力，自己不能觅食。蚂蚁的巢穴大多数在地下土中筑巢，挖有隧道、小室和住所，并将掘出的物质及叶片堆积在入口附近，形成小丘状，起保护作用。不同种的蚂蚁，一个巢内蚂蚁数量不均，数量最多的达到几万只，甚至更多。数量最少的群体只有几十只。蚂蚁以其特有的方式顽强地生存着，来延续它们自己的种族，真的让我们人类感叹！

▲蚁后与卵

▲蚂蚁王国

历史趣闻

蚂蚁竟然吃德军

二战期间，著名的德国战将隆美尔节节败退，为挽回败局，他派出一支精锐部队，长途跋涉，迂回穿越非洲原始丛林，直插英军后方。结果他们毁灭于非洲黑刺大腭蚁。黑刺大腭蚁大如拇指，通常生活在中北非，数以亿计的蚂蚁聚集成群，浩浩荡荡地朝着一个方向作长途迁徙，疯狂地吞食一切可食之物。

讲解——蚂蚁大力之谜

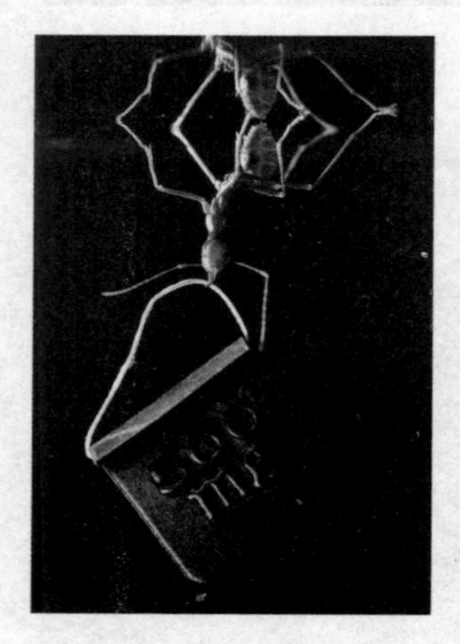

▲蚂蚁能举起自身重量400倍的重物

日常生活中，人们都会觉得蚂蚁非常微小，不小心一脚落下就可能踩死一群。其实一只蚂蚁的力量是相当巨大的。根据美国哈佛大学的昆虫学家马克莫费特的观察，10多只团结一致的蚂蚁，能够搬走超过它们自身体重5000倍的食物，这相当于10个平均体重70公斤的彪形大汉搬运3500吨的重物，即平均每人搬运350吨，从相对力气这个角度来看，蚂蚁是当之无愧的大力士。这样的神力是从何而来的呢？科学家为我们揭开了这个奥秘。蚂蚁脚爪里的肌肉是一个效率非常高的“原动机”，比航空发动机的效率还要高好几倍；它又由几十亿台微妙的“小发动机”组成，当几十亿个更微小的“小发动机”一起发动的时候，即如同中国人常说的“人多力量大”那样，力量就很大。蚂蚁的“原动机”需要一种特殊的“燃料”。这种“燃料”并不燃烧，只要肌肉在活动时产生一点儿酸性物质就能引起这种“燃料”的剧烈变化，这种变化能使肌肉蛋白的长形分子在刹那间收缩起来，产生巨大的力量，这就是“蚂蚁大力士”的奥秘。

蚂蚁与化学燃料电池

自从瓦特发明蒸汽机后，人类开始了工业革命，以各种内燃机、电动机和新能源带动世界的发展。根据我们学过的物理知识，这些机器都是通过能量的转化才得以实现的，在转化的过程中就不可避免地产生热能，散布到空气中或者机器本身，而这些热能是不可以回收的，所以这些机器的效率都在30%～40%左右。例如电动机需要电，而电需要火力发电，火力发电要靠烧煤使水变成蒸气，蒸气推动叶轮，带动发电机发电。在这个过程中间经过了将化学能变成热能，热能变成机械能，机械能变成电能的过程，在这一系列的能量转化过程中很大一部分的能量流失，而蚂蚁的巨大力量却给人们一个提高效率的启示。如果人类能够制造出一种微型的动力源，而这种动力源却有着强大的动力，仿佛蚂蚁的“肌肉发动机”一般，使用一种可以不经过燃烧的“燃料”，减少在能量转化过程中的热能损失，提高“发动机”的效率，就可以让许多微型的“发动机”一起来产生更加巨大的力量。试想一下，如果能够获得这样的“发动机”和“燃料”，那么人类的生活将会发生多大的变化，即使面对着石油即将枯竭的危机，全球气温变暖问题等等，人们认为只要能够实现与蚂蚁“发动机”类似的技术，将是另外一次的伟大革命。通过科学研究发

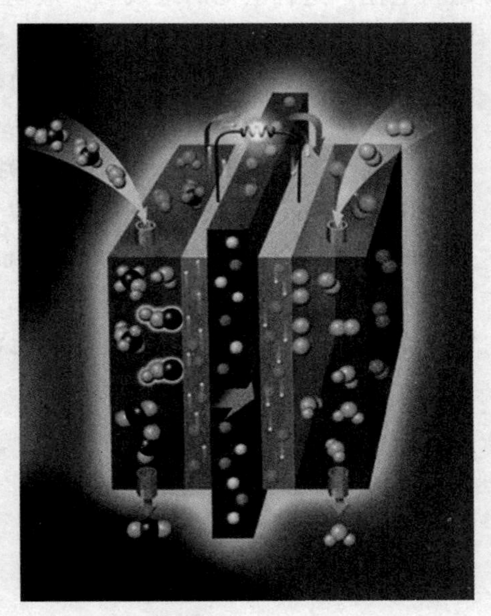

▲氢燃料电池原理图

▲第一型装备燃料电池的潜艇

现，蚂蚁“发动机”利用肌肉里的特殊燃料直接变成电能，省略了一般发电的中间过程，于是科学家们制造出了一种可以将化学能直接变成电能的燃料电池。这种电池的组成与一般电池相同，它是一种电化学装置。中国的燃料电池研究始于1958年，最早是由电子工业部天津电源研究所研究的。20世纪70年代中国燃料电池的研究曾呈现出第一次高潮，其间中国科学院大连化学物理研究所研制成功的两种类型的碱性石棉膜型氢氧燃料电池系统（千瓦级AFC）均通过了例行的航天环境模拟试验。另外中国科学院山西煤炭化学研究所开展了使煤气化热解的煤气在高温下脱硫除尘和甲醇脱氢生产合成气的研究，合成气中CO和H_2的比例为1∶2，已有成套装置出售。目前燃料电池是一种正在逐步完善的能源利用方式，它不仅仅效率高，而且经济投资少。燃料电池正在不断应用到人们的生活之中。

出淤泥而不染——自清洁

▲今天你洗脸了吗?

我们知道，在空气中存在着许多灰尘和微粒，当它们沉淀在物体表面的时候就会形成一定的污垢。它们会沉积在房屋里，墙壁上，各种各样的建筑物的表面。这样的污垢不仅仅存在空气中，比如身体的皮肤上，由于新陈代谢肌体产生了油脂，油脂又沾染了灰尘；又如口腔中的食物附着在牙齿上，所以我们每天都要做的一件事情，就是对自己进行清洁。如果我们不及时清理，就会在污垢中产生各种有害的霉菌，通过呼吸进入人类的身体之中，或者阻止人类毛孔的呼吸，导致各种皮肤病以及呼吸道感染。

荷　叶

荷叶为睡莲科植物莲的叶。莲是多年生水生草本植物，生于水泽、池塘、湖沼或水田内，野生或栽培，广布于南北各地。荷叶呈半圆形或折扇形，展开后呈类圆形，直径 20～50 厘米，全缘或稍呈波状。荷叶上表面为深绿色或黄绿色，较粗糙，被蜡质白

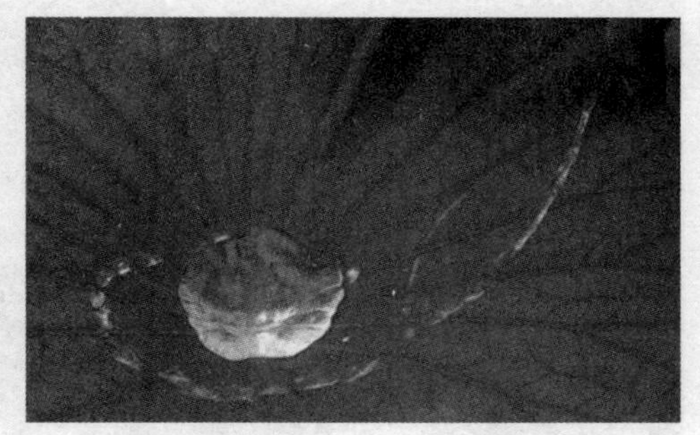

▲荷叶滴露

粉；背面呈灰绿色，呈波状，较光滑，有粗脉 21～22 条，自中心向四周射出；荷叶中心有凸起的叶柄残基。荷叶柄呈圆柱形，密生倒刺，质脆，易破碎。肉眼上看，荷叶是平整的，但是在电子显微镜下看的话，可以发现荷叶的表面有着无数个微米级的蜡质凸起，而在这些微米级的凸起上还有着许多纳米级的凸起。这种微米—纳米双重结构，使荷叶表面与水珠儿或尘埃的接触面积非常有限，便产生了水珠在叶面上滚动并能带走灰尘的现象。在电子显微镜下，荷叶细胞分泌的蜡质结晶呈现线状或是毛发状的结构，使得水珠不会停留在荷叶表面，只会汇集到中间，所以荷叶表面非常干净。可是，有科学家发现，如果把荷叶放入水里浸泡一段时间再拿

▲显微镜下的荷叶和水滴

▲荷塘

出来的话，荷叶就会从疏水性变成亲水性。这些变化引起了许多植物学家的研究。其中德国波恩大学植物研究所所长威廉·巴特洛特及其领导的小组进行了研究，他们发现，当雨停了之后，某些植物立刻就干了。进而科学小组在荷叶叶面上倒几滴胶水，胶水不会粘连在叶面上，而是滚落下去并且不留痕迹。表面覆盖着一层极薄蜡晶体的叶子干干净净，这正是防水叶面的特点。通过电子显微镜对1万多种植物的表面结构进行研究，他们测量了灰尘和叶面之间接触的角度，荷叶叶面能够达到160度，非常接近于极限的180度。此后，就从实验室中诞生了一项新技术，生产出表面完全防水并且具备自洁功能的材料。这是一项用途广泛的新技术，它使人们不再为建筑物顶部和表面的清洁问题发愁，也不必再为汽车、飞机和各种运输工具的清洁问题大伤脑筋。

知识窗

荷叶减肥

中药研究结果表明，荷叶有降血脂作用。荷叶碱是荷叶中提取的生物碱，荷叶碱可扩张血管，清热解暑，有降血压的作用，同时还是减肥的良药。有资料报道，荷叶中的生物碱有降血脂作用，且临床上常用于肥胖症的治疗。荷叶减肥原理，即服用后在人体肠壁上形成一层脂肪隔离膜，有效阻止脂肪的吸收，从根本上减重，并更有效地控制反弹。

小贴士——自清洁玻璃

随着现在城市发展的需要，楼层越来越高，而且为了美观等原因，大楼出现整体性玻璃外墙结构，现在我们能看见的清洁方式就是让工人在楼顶固定安全绳索，清洁人员悬在半空中清洗户外墙壁和玻璃，就如美国电影中的“蜘蛛侠”一般。这种清洁方式不但有危险而且还不能保证将玻璃外墙完全清洗干净，如果使用模仿荷叶设计的玻璃，雨水将通过表面使玻璃“自洁”，以后这样的墙壁同样都会有“自洁”的效果。2004年，在北京西长安街路南，紧临人民大会堂西侧，耗资26亿元可容纳5500名观众的国家大剧院正式启用。212米的银白色“蛋壳”，迥异于周边建筑的设计风格。国家大剧院的外观优雅，周围环境幽静，

▲使用自清洁玻璃的国家大剧院

是一座集建筑美、艺术美、环境美的象征性文化殿堂，成为长安街上一道独特的风景。那么这道美丽的风景是如何一直保持下去的呢？根据相关人员的说法，国家大剧院的外壳被涂抹上一层纳米涂料，即使风吹雨打也不容易受到污染，并且定期使用喷淋设施，可以对外壳进行清洗，保持清洁。这种材料就是根据荷叶的超疏水性能而制造的，与之相关的“仿生超疏水性表面”研究目前成为新兴领域，被人们所重视。这种仿制工艺，主要是通过多尺度结构的协同效应来增加表面粗糙度，结合电化学方法，控制了多孔硅表面上多尺度结构的形成，使得材料的表面和荷叶一样能够有自清洁的功能。

自清洁涂料

随着城市的现代化，同时出现的就是城市的污染，其中粉尘污染、气体污染尤为严重。当人们看着一座座美丽的大楼高高矗立着，却不知每一天这些楼层都要经历多少的污染物。如何让城市中的这道建筑风景能够长时间保持洁净呢？荷叶的功能为人类提供了一个模仿的样板。国内许多科研机构纷纷研制出了各具特色的自清洁涂料等产品，这些产品可以使外墙涂料的耐洗刷

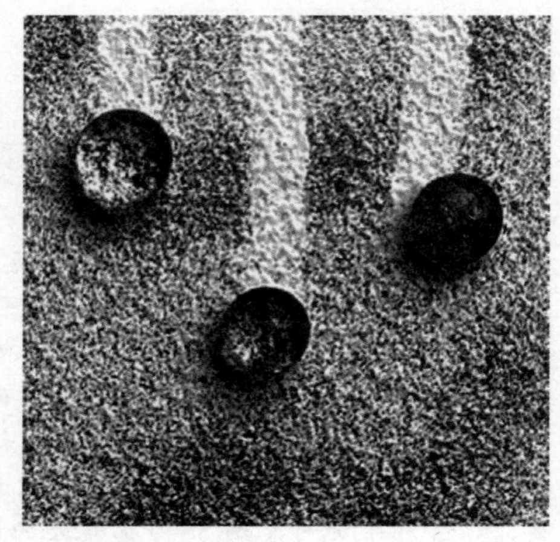

▲自清洁效果图

▲有自清洁功能的太阳能电池板

▲自清洁吊顶

性和老化时间大大增强，而且可使黏附在表面上的油污、细菌等在光的照射下及在纳米材料催化作用下，变成气体或者容易被擦掉的物质。中国复旦大学教育部先进涂料工程研究中心承担的国家“863”项目——自洁净外墙建筑涂料研发课题，根据荷叶的自清洁原理研制出的纳米涂层既可以使灰尘颗粒附着在涂层表面呈悬空状态，使水与涂层表面的接触角度大大增加，有利于水珠在涂层表面的滚落；同时又根据涂层的自分层原理，将疏水性物质引入丙烯酸乳液中，使涂料在干燥成膜过程中自动分层，从而在涂层表面富集一层疏水层，进一步保证堆积或吸附的污染性微粒在风雨的冲刷下脱离涂层表面，达到自清洁目的。据悉，根据这个成果已经建立了年产5000吨规模的生产线，产品已应用到苏州市城市改造。另外还有湖南大学材料学院研制成功的多功能纳米涂料，采用创新的工艺技术路线，对高性能建筑涂料的纳米组分进行优化设计，获得了超强耐洗刷性、耐候性和抗菌自洁功能的建筑涂料，并开发了工业化制备技术，这种新型的纳米复合涂料不仅能保持建筑物的亮丽，涂在建筑内墙上还能净化室内空气。还有中国科学院理化技术研究所也成功

地研制出同时具有抗菌、防雾、防霉、自洁、光催化分解污染物等多重功效的新型光触媒涂料。该涂料可在多种材料如玻璃、陶瓷、塑料等表面使用，赋予这些材料抗菌、防雾、防霉、自洁、光催化分解污染物等多重功能，可在多种场合诸如汽车后视镜、汽车玻璃、玻璃幕墙、道路交通指示牌、广告牌、汽车和火车身上使用。

特殊类生物的超能力

多种多样的生物是全人类共有的宝贵财富。生物的多样性维护了自然界的生态平衡，并为人类的生存提供了良好的环境条件。科学实验证明，生态系统中物种越丰富，它的创造力就越大。自然界的所有生物都是互相依存，互相制约的。每一种物种的绝迹，都预示着很多物种即将面临死亡。另外多种多样的生物还具有重要的科学研究价值。每一个物种都具有独特的能力，这些奇特的能力将为人类提供模仿的机会。如，逐臭的苍蝇，它不仅仅是让人类讨厌的昆虫，在它的身上有着许多让人惊叹的奥秘；还有翩翩起舞的蝴蝶，有着令人羡慕的控温系统；深海中的恐怖鲨鱼是一种会不停地游泳的鱼；池塘边飞舞的蜻蜓有着令人赞叹的复眼；深夜出动的蝙蝠能够发出超声波等等。在这一章，让我们一起走进千奇百怪、光怪陆离的生物超能力世界，看看它们寻常的外表下那令人惊讶的风采吧！

坠溷番成逐臭夫——气味分析

人们都知道，我们日常呼吸的就是空气。它无形无色，却可以到处流动，和液体一样。而且空气能够被压缩，例如潜水的时候背负的氧气筒就是将氧气按照一定的比例压缩在筒里的。空气本来是没有气味的，那么平时我们闻到的各种味道是怎么来的呢？这主要因为气体的原子或分子相互之间可以自由运动，而且两种不同的气体之间可以相互扩散，所以人类可以通过空气闻到各种不同的味道。由于不同的气体很容易在空气中扩散，所以气体也很容易被混入有毒物质，人类生活中也经常出现对生物体有害的气体，例如泄露的煤气，这些气体通常称为毒气。早期的时候，人类会根据经验避开自然产生的毒气，但由于军事中的用途，许多科学家转而研究一些人工毒气用于军事用途，使其能够造成一定范围内的巨大杀伤力，这些都被定义为化学武器。而一般人在分辨气体和毒气时，主要是根据气体的味道。有人分析了600种有气味的物质和它们的化学结构，提出至少存在7种基本气味；其他众多的气味则可能由这些基本气味组合所产生。自然界中有些生物能够轻易地分辨无毒和有毒。

苍　蝇

在生物学上，苍蝇属于典型的“完全变态昆虫”。据20世纪70年代末统计，全世界有双翅目的昆虫132个科12万余种，其中蝇类就有64个科3.4万余种。蝇类的主要蝇种是家蝇、市蝇、丝光绿蝇、大头金蝇等。蝇的一生要经过卵、幼虫（蛆）、蛹、成虫四个时期，各个时期的形态完全不同。卵乳白色，呈香蕉形或椭圆形，长约1毫米。卵壳背面有两条嵴，嵴间的膜最薄，孵化时幼虫即从此处钻出。卵的发育时间为8～24小时，与环境温度、湿度有关，卵在13℃以下不发育，低于8℃或高于42℃则死亡。苍蝇的幼虫俗称蝇蛆，有三个龄期：1龄幼虫体长1～3毫米，仅有后

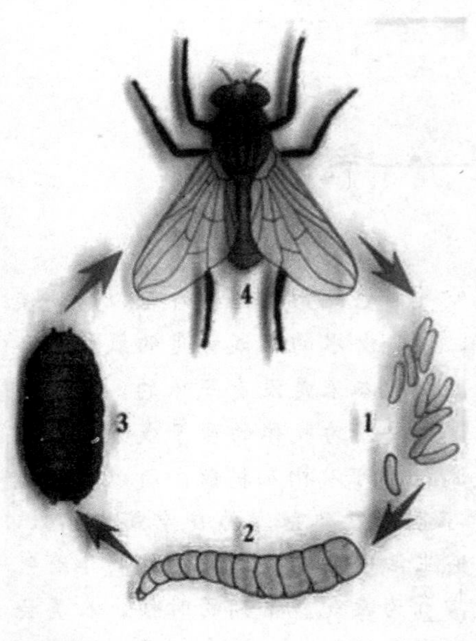

▲苍蝇的一生

气门。蜕皮后变为2龄，长3～5毫米，有前气门，后气门有2裂。再次蜕皮即为3龄，长5～13毫米，后气门3裂。蝇蛆体色，1～3龄由透明、乳白色变为乳黄色，直至成熟、化蛹。蛹是苍蝇生活史上的第三个变态。它呈桶状即围蛹。蛹的体色由淡变深，最终变为栗褐色。蛹长5～8毫米。蛹壳内不断进行变态，一旦苍蝇的雏形形成，便进入羽化阶段。从蛹羽化的成蝇，需要经历“静止—爬行—伸体—展翅—体壁硬化”几个阶段，才能发育成为具有飞翔、采食和繁殖能力的成蝇。一只苍蝇的寿命在盛夏季节可存活1个月左右。但在温度较低的情况下，它的寿命可延长2至3个月；低于10度时它几乎不能活动，但寿命却会更长些。普通的苍蝇的成虫寿命是15～25天，如果连它的幼虫期和蛹期都包括在内，它的寿命则是25～70天。苍蝇的食性很杂，香、甜、酸、臭均喜欢，它取食时要吐出嗉囊液来溶解食物，它的习惯是边吃、边吐、边拉。有人作过观察，在食物较丰富的情况下，苍蝇每分钟要排便4～5次。如果遇上具有快速繁殖能力的细菌时，苍蝇的免疫系统就会发射BF64、BD2两种球蛋白，球蛋白一旦与细菌接触，就会

▲绿叶上的苍蝇

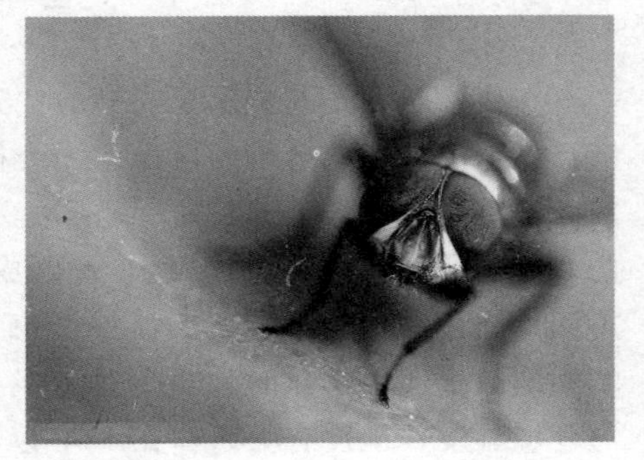
▲苍蝇头

发生“爆炸”，与细菌“同归于尽”。

知识窗

巧驱苍蝇五法

苍蝇一般都携带有害病菌，所以日常生活中注意驱赶苍蝇。驱赶苍蝇的主要方法有食醋驱蝇法、橘皮驱蝇法、葱头驱蝇法、西红柿驱蝇法、残茶驱蝇法。

小贴士——逐臭之夫

苍蝇是日常生活常见的一种昆虫。古代的中国人称它为“逐臭之夫”，因为凡是腥臭污秽的地方，你都会发现它们的踪迹。而且，令人感觉讨厌的就是，在你准备享用美好的食物时，这个令人憎恨的昆虫总是在你眼前轻松地飞着。为什么苍蝇总是能够那么快就闻到各种气味呢？这主要归功于苍蝇的鼻子。苍蝇的鼻子能闻到远在几千米外的气味。所谓苍蝇的“鼻子”，现代生物学上称之为嗅觉感受器，它主要分布在苍蝇头部的一对触角上。每个“鼻子”只有一个“鼻孔”，里面有着几百个嗅觉神经细胞。如果“鼻孔”感觉到气味的话，这些神经立即把气味刺激转变成神经电脉冲，通报给大脑。然后苍蝇的大脑根据不同气味所产生的不同的神经电脉冲，就可区别出不同气味的物质。因此，苍蝇的触角像是一台灵敏的气体分析仪。

▲头部大特写

苍蝇与气体分析仪

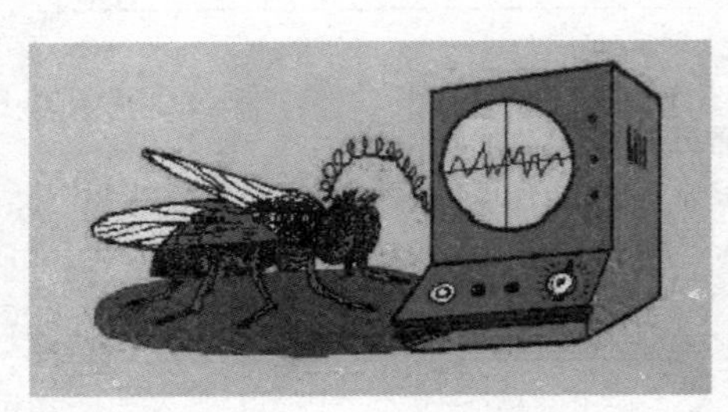
▲小型气体分析仪卡通示意图

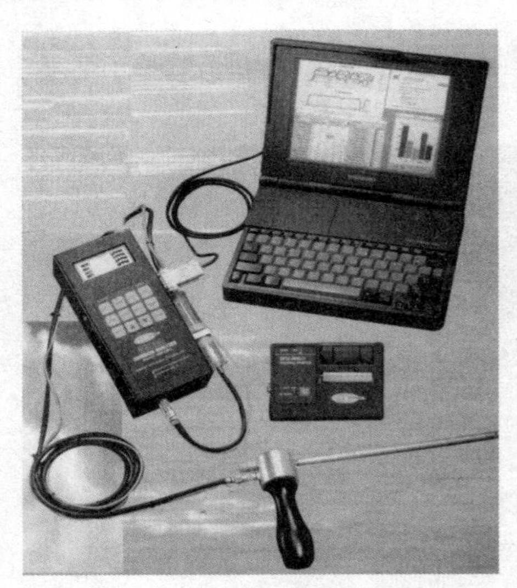
▲HC3－400EMS型袖珍排放气体分析仪

苍蝇的嗅觉特别灵，苍蝇能嗅闻到50千米以外的腥臭味，比猎狗的嗅觉还要灵敏。但它们只对腥臭味感兴趣，对其他一些气味却有点麻木。随着仿生科技的发展，科学家研制出模仿狗嗅觉的电子鼻，而另外一些科学家也发现苍蝇起鼻子作用的原来是头部的触须。苍蝇的触须能够分辨多种气体，并判断是否是毒气。根据苍蝇嗅觉器的结构和功能，科学家们成功地仿制出一种十分奇特的小型气体分析仪。这种仪器的“探头”不是金属，而是活的苍蝇。就是把非常纤细的微电极插到苍蝇的嗅觉神经上，将引导出来的神经电信号经电子线路放大后送给分析器；分析器一经发现气味物质的信号，便能发出警报。这种根据将信息转变成电脉冲制成的气体分析仪，可用于化学毒剂、有害气体、特殊气体的鉴别，在化工生产、国防和宇航上将大有用武之地。美国科学家正在训练苍蝇嗅炸药、嗅地雷。将微型的无线电发射器装在苍蝇身上，当它探测到地雷或炸药后，发射器就会主动发回信号，接收机就能定位地雷或炸药的位置，然后再进行人工清

▲训练昆虫探测爆炸物

除。这种苍蝇侦察兵不但能在战场上发挥作用，还能用在反恐活动中，对防不胜防的定时炸药、杀手汽车、人体炸弹，苍蝇侦察兵都会盯上，可以大大减少恐怖组织对无辜平民的伤害。利用苍蝇嗅觉灵敏、快速的特性制成的小型气体分析仪十分灵敏。这种仪器现已装置在航天飞船的座舱内，为揭示宇宙的化学成分而工作。小型气体分析仪也可用来测量潜水艇和矿井里的有毒气体，及时发出警报，保护员工的生命安全。

小资料——未来世界的超级间谍

根据新闻报道，美国五角大楼的高级官员们和许多生物研究所正在研究一种世界上最为常见的昆虫之一，那就是苍蝇。令人讨厌的苍蝇有什么样的魅力能够吸引这么多人去关注它呢？美国加州大学伯克利分校的科学家们为我们揭开了秘密。原来，他们利用仿生学原理制造出了世界上第一只能飞翔的机器蝇。以前加州大学曾经展示过一只叫“黑寡妇”的机器蝇，它的重量只有100毫克，当时就有人预测说，如果机器苍蝇在高空中飞行的话，人们根本无法发现它。这让我们想起了孙悟空变成苍蝇混入妖怪洞穴的情景，只是没有想到过会在现实中实现。这种“微型间谍”研究自1998年开始就受到了大力资助。各个国家都努力提高这种机器蝇的可实现度，因为依靠它们可以完成许多人类不能完成的任务，甚至在未来战争中，机器蝇可以千里单刀赴会，过五关，斩六将，一怒之下直杀到敌军总部，成为名副其实的“超级间谍”。

▲英国研制的机器苍蝇

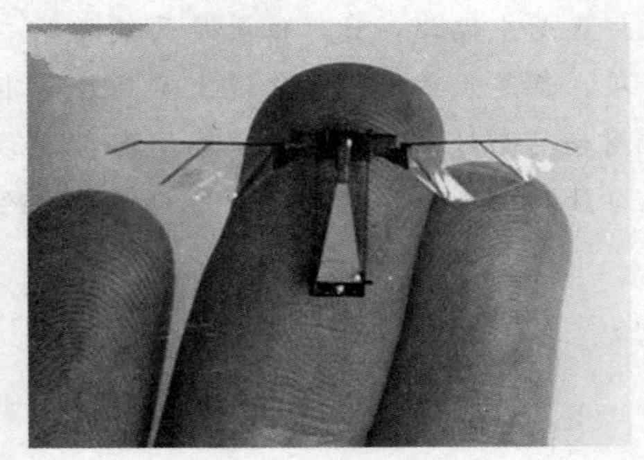

▲哈佛大学研制的机器苍蝇

追花夺蜜连年——偏振光导航

▲指南针

大家都熟知鸽子是可以飞回自己的巢穴的，那么人类又是如何让自己不在野外活动中迷路的呢？例如地质考察、登山、徒步旅行、探险等，这些活动很容易迷失方向，而且一旦迷失方向的话，会给人带来极其恶劣的后果。有关专家经过测验证明，人类辨别方向的本能只有某些成员具有，而绝大多数都不具备，或者仅仅是潜在地具备。所以，人们需要依靠一些工具和方法才能在野外活动中辨别方向。一是利用太阳，因为日出日落是有规律的，根据地理学上的知识，冬季日出位置是东偏南，日落位置是西偏南；夏季日出位置是东偏北，日落位置是西偏北等。二是利用星星，例如北极星和北斗七星，都是长年运行在赤道上空而且是非常明亮的星辰。另外就是注意参考地图和指南针，同时积极观察周围的地形以及身边的植物来判断正确位置。而自然界中的一些生物却有着与众不同的辨别方向的能力。

蜜　蜂

> 蜂毒对风湿、神经炎等均有疗效；还具有抗炎抗变态反应和抗病毒的作用。

蜜蜂是一种会飞行的群居昆虫。蜜蜂有前胸背板不达翅基片，体被分枝或羽状毛，后足常特化为采集花粉的构造。蜜蜂成虫体被绒毛覆盖，足或腹部具有长毛组成的采集

花粉器官。蜜蜂的口器是嚼吸式，这是昆虫中独有的特征。蜜蜂被称为资源昆虫。蜜蜂的成蜂体长约 4 厘米。蜜蜂群体中有蜂王、雄蜂和工蜂三种类型，一群蜜蜂中一般有一只蜂王，500 到 1500 只雄蜂，1 万到 15 万工蜂。蜂王在巢室内产卵，幼虫在巢室中生活，社会性生活的幼虫由工蜂喂食，独栖性生活的幼虫取食雌蜂贮存于巢室内的蜂粮，待蜂粮吃尽，幼虫成熟化蛹，羽化时破茧而出。家养蜜蜂一年繁育若干代，野生蜜蜂一年繁育 1～3 代不等。雄蜂通常寿命不长，不采花粉，亦不负责喂养幼蜂。工蜂负责所有筑巢及贮存食物的工作，而且通常长有特殊的结构组织以便于携带花粉。大部分蜜蜂采多种花的花粉。蜜蜂为取得食物不停地工作，白天采蜜、晚上酿蜜。蜜蜂以植物的花粉和花蜜为食。蜜蜂是对人类有益的昆虫类群之一，它为农作物、果树、蔬菜、牧草、油茶作物和中药植物传粉。蜂蜜是人们常用的滋补品，有“老年人的牛奶”的美称；蜂花粉被人们誉

▲圈内为蜂王

▲圈内为雄蜂

▲蜜蜂采蜜

为“微型营养库”，蜂王浆更是高级营养品，不但可增强体质，延长寿命，还可治疗神经衰弱、贫血、胃溃疡等慢性病；蜂蜡和蜂胶都是轻工业的原料。

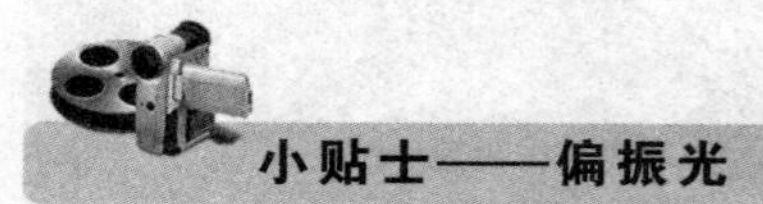

小贴士——偏振光

▲偏振光

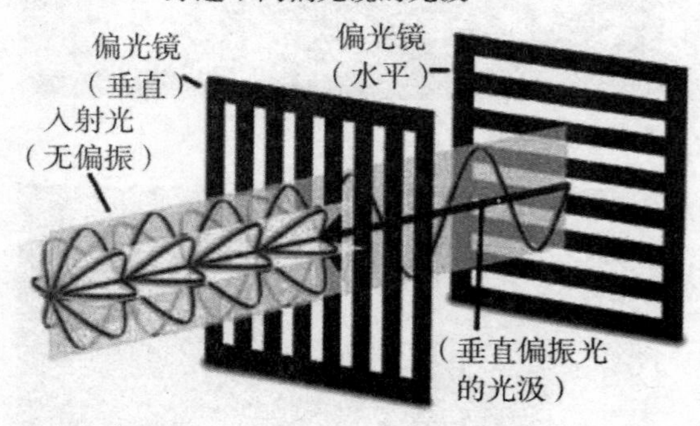

▲产生偏振光

根据物理学的知识，我们都知道光是一种电磁波。如果是自然光的话，那么光的振动面不只限于一个固定方向，而是在各个方向上均匀分布的。而所谓的偏振光，是指只在某个方向上振动或者某个方向的振动占优势的光。偏振光又可分为平面偏振光、圆偏振光和椭圆偏振光、部分偏振光几种。人类最为熟悉的太阳，能够直接散射出偏振光，还有通过反射太阳光的月亮偏振光，这些偏振光人类都无法看到，但是许多生物却能感觉到偏振光。我们日常看见的太阳光是有规则的光线，当这些光线射向地球时会在各个方向产生振动，在这个过程中不可避免地会与大气层中的粒子发生相互作用，变成偏振光。日常生活中，我们也有偏振光使用的经验，例如钓鱼爱好者在钓鱼时会戴上一副偏振光太阳镜，这副眼镜能够将从水面上反射回来的偏振光过滤掉，从而让钓鱼者不会觉得刺眼，能更清楚地看见在水中的动静。还有看 3D 电影的时候，也同样会使用到偏振光眼镜。

蜜蜂与偏光天文罗盘

当蜜蜂在距离蜂窝 60 米以内找到可以采蜜的地方时，它就会在蜂窝前跳“圆舞”。告诉其他蜜蜂快去采蜜。如果在 60 米外发现蜜源的话，则是跳“8 字舞”。“8 字舞”重复的次数和方向的变化都包含着哪儿有花蜜和花蜜的好坏程度的信息。蜜蜂为什么能正确辨别方向，准确归巢呢？科学家从蜜蜂的眼睛里发现了秘密。蜜蜂一共有 5 只眼睛，它头甲上有 3 只小的单眼，单眼是用来感受太阳光的强度的，它们根据太阳光的强度来决定早晨飞出去和晚上归来的时间。蜜蜂的头两边有两只大的复眼，它的复眼是由 6300 只小眼组成的，每只小眼里有 8 个作辐射状排列的感光细胞，蜜蜂就是靠这些小眼来感受天空偏振光的。即使没有太阳的天气，这复眼变成了“检偏振器”，让蜜蜂风雨无阻。科学家按照蜜蜂小眼的构造，制成了八角形的人造蜂眼，用它来观察天空。果然，天空的每一个区域都有特有的偏振光图形。由此，科学家也揭开了蜜蜂飞行的一些奥秘：当普通非极性光源（如太阳）的光线穿过介质后，会使某部分光线极化（就是所谓的“偏振”）。蜜蜂找出极

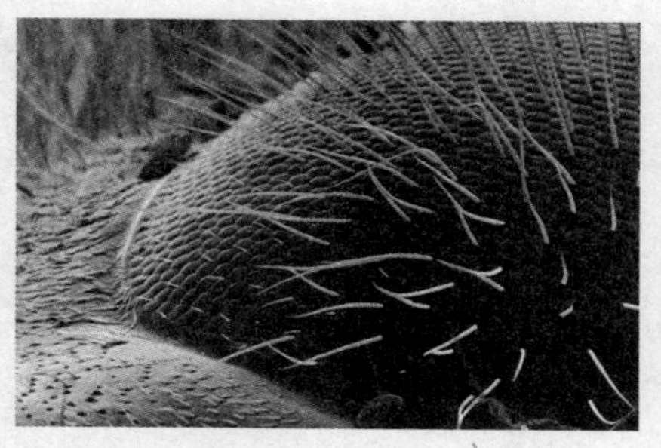

▲显微镜下的蜜蜂复眼

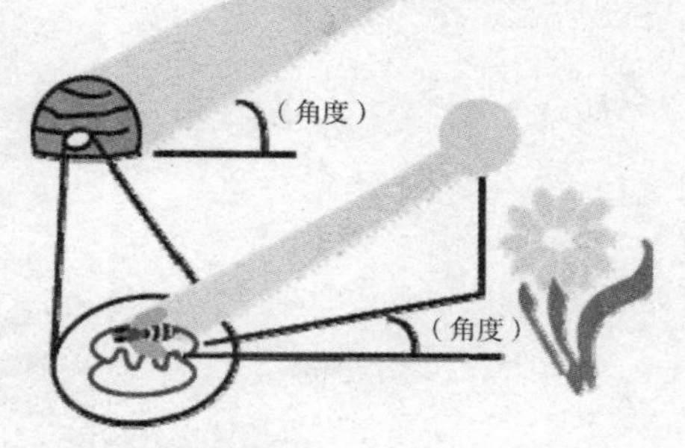

▲蜜蜂感受偏振光

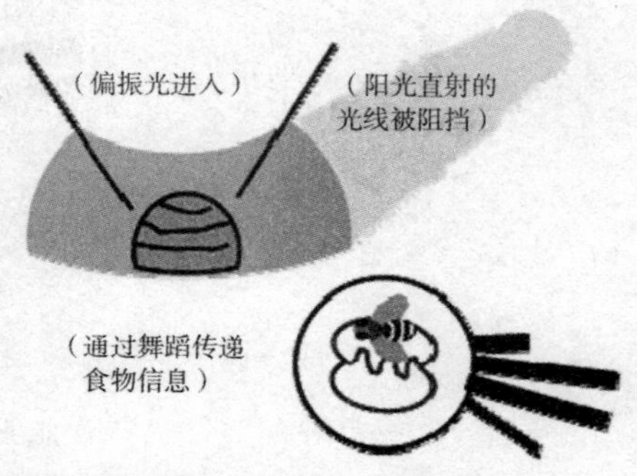

▲太阳被遮时蜜蜂感受偏振光

化光线的源头，这个源头其实就是太阳。所以蜜蜂就知道了太阳的位置，就很容易找出东南西北了。经过不懈的努力，仿生学家们从蜜蜂利用偏振光定向的本领中得到启发，制成了用于航海和航空的偏光天文罗盘。不管是太阳尚未升起的黎明，还是阴云密布的黄昏，有了这种罗盘，就能根据太阳方位的变化进行时间、方向的校正；甚至飞机在磁罗盘失灵的南、北极上空，依然能准确地定向飞行。但至今还无法生产出在水中利用偏振光的仪器。

天降雷霆震九州——放电

▲闪电

闪电犹如海神的三叉戟，烧灼了整片天空，在瞬间刺破遥远的距离，连接天地。电，是能量的一种形式。这其中有许多很容易观察到的现象，像闪电、静电等等。在物理学上，电是个一般术语，包括了许多种由于电荷的存在或移动而产生的现象。有一些物理学名词来描述它们，如电流强度之类的。目前人类能够根据能量转换，从燃烧的物质中、原子核中，以及奔流的水流中找到电，供人类日常所用。而平常生活中经常发生的闪电现象，其实是云与云之间、云与地之间或者云体内各部位之间的强烈放电现象。由于极大的电流，使得空气变得非常灼热，引起空气膨胀，向四方扩充而去，所以经常伴随着“轰隆隆”的声音。

电 鳐

电鳐是对电鳐科、单鳍电鳐科、无鳍电鳐科鱼类的统称。电鳐广泛分布在热带、温带海域，是底栖鱼类。电鳐行动迟缓，习性懒惰，平时将身体埋于海底泥沙中。它的头胸部的腹面两侧各有一个由肌肉转变成的发电器官，样子像扁平的肾脏。这些器官是由许多特殊的管柱状细胞构成的电板组合成的，每个管状细胞间都有一层胶状物质绝缘。这些管状细胞排列成六角柱体，叫“电板柱”。电鳐身上共有2000个“电板柱”，有200万块“电板”。电板的一面较光滑，有神经末梢分布的是正极；另一面凹凸不

▲鳐鱼

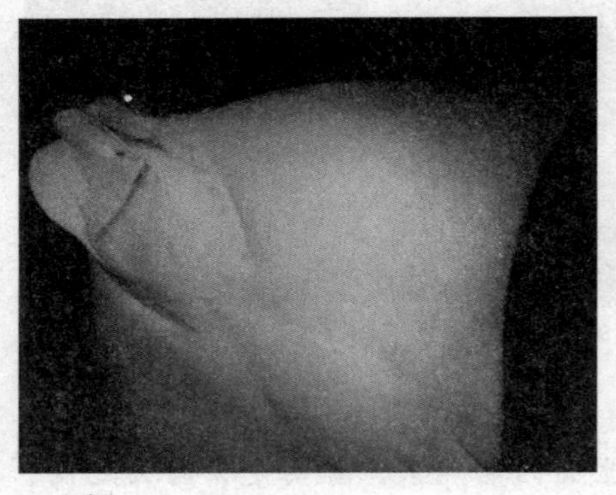
▲电鳐

平，没有神经末梢分布的是负极，这种构造很像电池。电鳐能随意放电，而且放电时间和强度完全能够自己掌握，它们的放电都受大脑神经支配。单个“电板”产生的电压和电流是微不足道的，可是，很多电板串联或并联起来，其放电电压就相当可观了。例如在太平洋北部生活的一种大电鳐，发出的电流可达50安培，电压达60～80伏，因此有海中“活电站”之称。电鳐一旦发现猎物，就放电将其击毙或击昏，然后饱餐一顿。电鳐有这么一手捕杀猎物的绝技，因此也被人称为“江河中的魔王”。电鳐放电是为了御敌捕食、探测导航及寻偶等等，也是为了适应黑暗危险的海底世界。在古希腊和古罗马时代，医生们常常把病人放到电鳐身上，或者让病人去碰一下正在池中放电的电鳐，利用电鳐放电来治疗风湿症和癫狂症等病。

广角镜——电鳐攻击快艇

电鳐攻击快艇——首个试验在海军上装备电磁线圈枪的武器平台。电鳐快艇最卓越的装备就是那对特斯拉线圈枪，虽然和苏联标志性的防御武器相比小得多，但仍然威力无比。两个线圈永远都是攻击一个目标，带来致命的交流电流。电流巨涌为线圈增压并把电压转到船体上成千上万的电容上时，电鳐快艇就能向四周海水释放出极高的电流。虽然这会使船身暂时短路，但不会有什么长效损坏，不过旁边的东西可就不是那回事了。最初，此技术是被电鳐快艇的发明者罗

曼·格罗萨维茨用来捕鱼，而战争中，电鳐操作员用它来猎杀盟军海豚编队。苏联实验科学部一直在对电鳐快艇的设计进行修正和改良，通过日常采集电鳐的性能数据不断执着于增强它的战斗能力。经过许多年改良，唯一成功接纳的是可折叠的行走机构设计。该系统就像是昆虫的六足，允许该艇走上陆地和越过各种崎岖障碍。陆上行走的需要来自于敌人发现了对付电鳐快艇突袭的最佳方式是利用电鳐快艇的短射程和轻装甲，远远地躲在陆地上反击。

▲电鳐攻击快艇模型图

电鳐与电池

电鳐发电器的各柱状体之间被结缔组织的电板隔开，好似“电板串联，电柱并联”的“生物蓄电池”。电鳐的放电特性启发了人们发明和创造了能贮存电的电池。19世纪初，意大利物理学家伏特，以电鳐等电鱼发电器官为模型，把一块锌板和一块银板浸在盐水里，发现连接两块金属的导线中有电流通过。于是，他就把许多锌片与银片之间垫上浸透盐水的绒布或纸片，平叠起来。用手触摸两端时，会感到强烈的电流刺激。他经过反复实验，终于发明了世界上第一个电池——“伏特电池”。这个“伏特电池”实际上就是串联的电池组。因为这种电池是根据电鳐的天然发电器设计的，所以把它叫作“人造

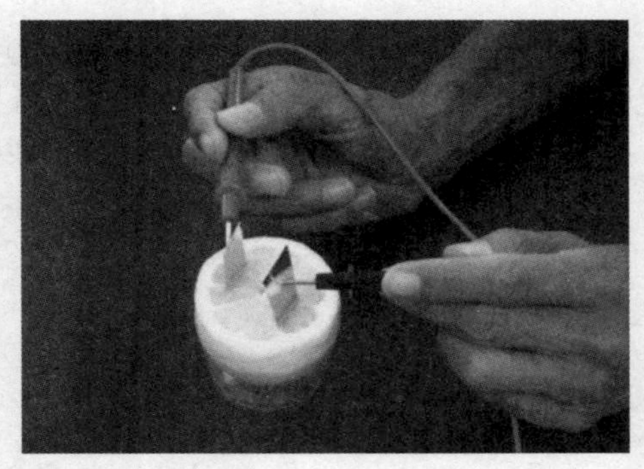

▲水果电池

▲太阳能电池为汽车充电

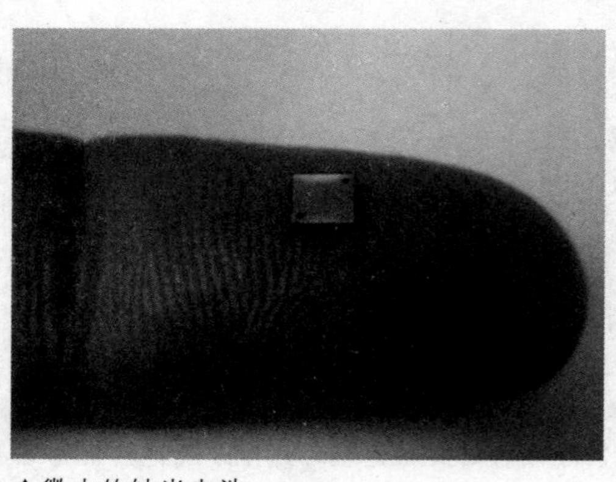

▲微小的纳米电池

电器官”。它成为早期电学实验和电报机的电力来源。1836 年，英国的丹尼尔对“伏特电池”进行了改良。他使用稀硫酸作电解液，解决了电池极化问题，制造出第一个不极化，能保持平衡电流的锌——铜电池，又称“丹尼尔电池”。此后，又陆续有去极化效果更好的“本生电池”和“格罗夫电池”等问世，但是，这些电池都存在电压随使用时间延长而下降的问题。1860 年，法国的普朗泰发明出用铅作电极的电池。这种电池的独特之处是，当电池使用一段时间电压下降时，可以给它通以反向电流，使电池电压回升。因为这种电池能充电，可以反复使用，所以称它为“蓄电池”。今天，人们日常生活中所用的电池五花八门，有干电池、蓄电池，以及体积小的微型电池，此外，还有金属—空气电池、燃料电池以及其他能量转换电池如太阳电池、温差电池、核电池。直到如今，电池的应用更加广泛。

无声胜有声——超声波

声音是自然界中最常见的现象，根据物理学的知识，声波的产生主要是由于声源的振动而引起的，例如，我们敲打鼓等。可是人类能够听见的声音并不是全部，由于人类耳朵的限制，所以能听到的声波频率在20～20000赫兹这个范围之内。当声波的振动频率大于20000赫兹或小于20赫兹时，人类就无法听见，但是这种声波许多动物却能够听见。于是，人类把频率高于20000赫兹的声波称为“超声波”。超声波具有方向性好，穿透能力强等特点，由于它的频率较高，所以能量也比较集中，在各种介质中传播距离比较远，现实中，在医学、军事、工业、农业上有很多的应用。

蝙　蝠

▲蝙蝠捕食

蝙蝠是翼手目动物的总称，是唯一一类演化出真正有飞翔能力的哺乳动物。几乎所有的蝙蝠都是白天憩息，夜间觅食。蝙蝠的脖子短；胸及肩部宽大，胸肌发达；而髋及腿部细长。除翼膜外，蝙蝠全身有毛，背部呈浓淡不同的灰色、棕黄色、褐色或黑色，而腹侧色调较浅。栖息于空旷地带的蝙蝠，皮毛上常有斑点或杂色斑块，颜色也各不相同。蝙蝠的翼是在进化过程中由前肢演化而来，是由其修长的爪子之间相连的皮肤（翼膜）构成。蝙蝠的吻部像啮齿类或狐狸。蝙蝠的外耳向前突出，很大，而且活动非常灵活。它们总是倒挂着休息。它们一般聚成群体，从几十只到几十万只。多数蝙蝠具有敏锐的听觉定向（或回声定位）系统。因此有“活雷达”之称。具有回声定位能力的蝙蝠，能产生短促而频率高的声脉冲，靠回声测距和定位的蝙蝠只发出一个简单的声音信号，这种信号通常是由一个或两个音素按一定规律反复地出现而组成。当蝙蝠在飞行时，发出的信号被物体弹回，形成了根据物体性质不同而有不同声音特征的回声。然后蝙蝠在分析回声的频率、音调和声音间隔等声音特征后，决定物体的性质和位置。它们能在完全黑暗的环境中飞行和捕捉食物，在大量干扰下运用回声定位，发出波信号而不影响正常的呼吸。蝙蝠个体之间也可以用声脉冲的方式交流。这种本领要求高度灵敏的耳和发声中枢与听觉中枢的紧密结合。有少部分蝙蝠依靠嗅觉和视觉找寻食物。飞行时蝙蝠把后腿向后伸，起着平衡的作用。蝙蝠一般都有冬眠的习性。蝙蝠类动物的食性相当广泛，大多数蝙蝠以昆虫为食。因为蝙蝠捕食大量昆虫，故在昆虫繁殖的平衡中起重要作用，甚至可以有助于控制害虫。

轻松一刻

蝙蝠不是鸟

蝙蝠不是鸟类。它与鸟类完全不同。鸟是脊椎动物，全身有羽毛，嘴是角质的，口腔内没有牙齿，这显然能够减轻体重，有助于飞行。而蝙蝠的口内，却有细小的牙齿，没有鸟类的嗉囊和砂囊。它的身上也没有长着羽毛。

实验——斯帕拉捷的蝙蝠实验

为什么蝙蝠是夜间去寻找食物的呢？它们在没有光线的夜晚是如何发现食物以及飞行的呢？这些问题曾经让许多人对这种生物产生了许多的疑问，也出现了吸血鬼之类的谣言。而意大利科学家斯帕拉捷却非常有勇气，他抓了许多蝙蝠，并且用小针刺瞎了蝙蝠的双眼，然后再放了它们，结果发现瞎了眼的蝙蝠照

样能够飞行，好像没有什么大的影响。那么到底真相是什么呢？斯帕拉捷就是不服气，他继续进行实验。例如，把蝙蝠的嘴巴封死，把蝙蝠的翅膀上涂上油漆等，用各种手段实验，最终在又一次实验中，斯帕拉捷把蝙蝠的耳朵塞住，结果非常明显，蝙蝠飞起来之后却东碰西撞的，完全无法分清方向。这时候，他终于明白了，原来，蝙蝠是靠听觉来确定方向，捕捉目标的。之后，经许多科学家进一步研究才最终发现，蝙蝠的导航不仅仅是耳朵听那么简单，而是利用“生物波”导航。蝙蝠的喉头发出一种高频声波，也就是超声波，这种声波能够沿着直线传播，一碰到物体就迅速反射，蝙蝠用耳朵接收，根据反射波能作出准确的判断，从而找到正确的方向。

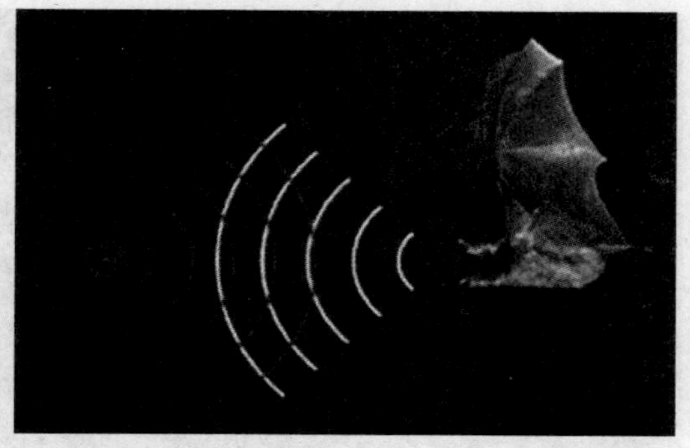

▲蝙蝠发射和接收超声波

蝙蝠与雷达

▲雷达天线

雷达所起的作用和眼睛相似，当然，它不再是大自然的杰作，同时，它的信息载体是无线电波。事实上，不论是可见光或是无线电波，在本质上是同一种东西，都是电磁波，传播的速度都是光速，差别在于它们各自占据的波段不同。其原理是雷达设备的发射机通过天线把电磁波能量射向空间某一方向，处在此方向上的物体反射碰到的电磁波；雷达天线接收此反射波，送至接收设备进行处理，提取有关该物体的某些信息（目标物体至雷达的距离，距离变化率或径向速度、方

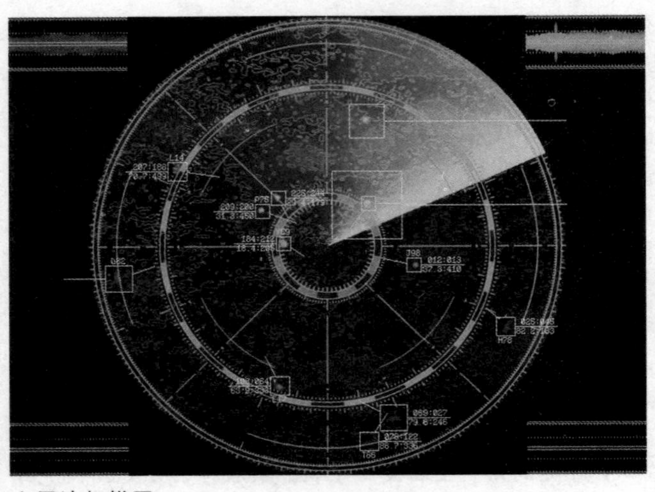

▲雷达扫描图

位、高度等）。雷达的优点是白天黑夜均能探测远距离的目标，且不受雾、云和雨的阻挡，具有全天候、全天时的特点，并有一定的穿透能力。因此，它不仅成为军事上必不可少的电子装备，而且广泛应用于社会经济发展（如气象预报、资源探测、环境监测等）和科学研究。假如你问雷达是谁发明的？在战争时期，美国麻省理工学院共500位科学家和工程师致力于雷达的研究。稀奇得很，自然界却给了科学家们提示：蝙蝠在黑暗中如何指导自己飞行，不论如何黑暗，如何狭窄的地方，绝不碰壁，这是什么原因？它怎样知道前面有无障碍呢？从蝙蝠口中发出一种频率极高的声波，超过人类听觉范围以外，曾经有两位科学家借着一种特制的电力设备，在蝙蝠飞行时，将它所发的高频率声波记录出来。这种声波碰到墙上，必然折回，它的耳膜就能分辨障碍物的距离远近，而向适宜方向飞去。蝙蝠传输声波也像雷达一样，都是相距极短的时间而且极有规则，并且每只蝙蝠都有其固有的频率，这样蝙蝠可分清自己的声音，不至于发生扰乱。

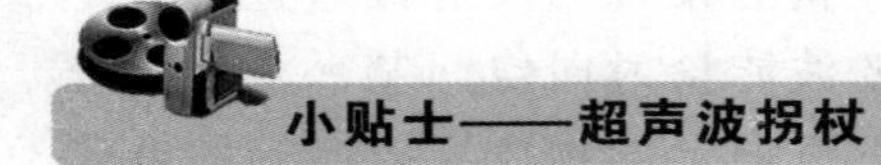

小贴士——超声波拐杖

据相关报道，全世界有3000多万视觉障碍者，中国有800多万，他们行走时通常靠一根手杖探路。每走一步路只能探测地面上有限的几个点，不仅路面情况探不清楚，而且走得也很慢。另外，手杖只能探测到地面情况，却难以避免上身碰撞障碍物的危险。目前，国外已经开发出多种协助盲人走路的电子导盲器，其中一种便是超声波拐杖。超声波拐杖是盲人（或盲聋人）使用的轻便型导行仪，手杖内里装有探测地面障碍物的电路板，并在手杖下端安装了超声波传感器，传感器将采集到的信号以无线方式发到腰挂式主机；探测上半身的超声波传感器可方便地装在上衣口袋、衣领口、帽子或眼镜上等，接收到的信号以有线方式传到腰挂式主机处理。手杖信号和上半身探测到的信号最后生成报警信号，以耳机形式传送语音，同时可选用震动形式传送报警信息。

▲根据蝙蝠辨别方向捕捉目标的原理制造的感知系统

不用眼睛也能看——热感应能力

▲光和热

地球上有四个季节，每个季节给人的感觉都不一样。其中从冬天到春天让人感觉最是良好，因为大气的温度升高了，也就是我们都觉得热起来了。那么热到底是什么呢？根据物理学家的研究发现，热其实是物质运动的结果，热是由物体内那些为肉眼所看不见的细小微粒不停地运动所产生的。热量传递主要有三种方式，分别为热传递、对流和辐射。即热量之所以能够从高温物体传给低温物体，主要是高温物体的微粒和低温物体的微粒在相互碰撞中能量进行传递而造成的，一物体使另一物体变热时，它自身便会变冷，这就是自然界的能量守恒特性。当人在篝火旁的时候，就能够从火堆中感受到热，而且人本身就是一个热源，不仅仅能够感觉到热，也能够产生热，而在自然界中有一些动物的热感应能力是非常惊人的。

响尾蛇

响尾蛇是脊椎动物，爬行纲，蝮蛇科（响尾蛇科）。响尾蛇是一种管牙类毒蛇，蛇毒是血液毒。响尾蛇一般体长约 1.5～2 米，体呈黄绿色，背部具有菱形黑褐斑。响尾蛇的尾部末端有一串角质环，为多次蜕皮后的残存物，当遇到敌人或急剧活动时，它会迅速摆动尾部的尾环，每秒钟可摆动 40～60 次，能长时间发出响亮的声音，致使敌人不敢近前，或被吓跑，故称为响尾蛇。响尾蛇和蝮蛇一类的蛇，它们的“热眼”都长在眼睛和鼻

孔之间叫颊窝的地方。颊窝一般深5毫米，只有一粒米那么长。颊窝上密布有三叉神经末梢质体，这是红外感受单位，包含许多线粒体。颊窝膜表面每平方毫米约有1000个红外感受单位。这个颊窝是个喇叭形，喇叭口斜向朝前，其间被一片薄膜分成内外两个部分。里面的部分有一个细管与外界相通，所以里面的温度和蛇所在的周围环境的温度是一样的。而外面的那部分却是一个热收集器，喇叭口所对的方向如果有热的物体，红外线就经过这里照射到薄膜的外侧一面。颊窝内层空气受到外层红外线接收细胞温度上升的影响，吸收热量后产生微小的压力，这个变化会刺激末梢神经，再把此讯息传递给脑部分析辨识。蛇知道了前方什么位置有热的物体，大脑就发出相应的命令，去捕获这个物体。蛇颊窝中的“热眼”对波长为0.01毫米的红外线的反应最灵敏、最强烈，只要辐射表面的一点点温差就可以被辨别，就算是在黑暗无光的夜晚，响尾蛇也可以精准地判定猎物的方位和距离。因此只要有小动物在旁边经过，响尾蛇就能马上发现，悄悄地爬过去，并且准确地判断出猎物的方向和距离，冲过去把它咬住。曾经有人实验过，全瞎的响尾蛇在颊窝的协助下，出击猎物的命中率仍然高达98%，但是如果你把颊窝遮住，命中率就会掉到27%。

▲响尾蛇

▲响尾蛇的“双人舞”

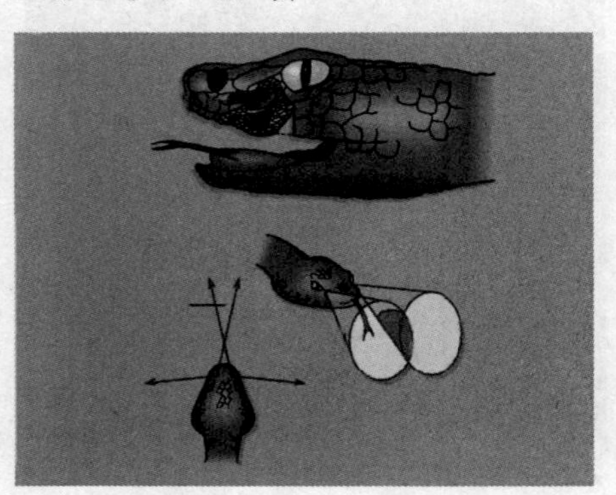

▲热感应器示意图

小博士

响板舞

墨西哥舞蹈家索尼娅吸收响尾蛇的特色，发明了响尾蛇响板。响尾蛇响板将传统的西班牙响板提高到独奏乐器的地位进行表演，融音乐、舞蹈为一体，集古典音乐、民间歌舞与芭蕾技巧于一身，创造了举世无双的“响板舞”。于是，索尼娅带着一副响板走遍欧洲、北美、拉美、非洲与亚洲，使墨西哥的舞蹈享誉全球。

友情提醒——死了也能咬

▲两种蛇的颊窝所在对比

我们一般都会认为如果头断了，那么生物肯定就已经死了，但是响尾蛇给人类上了一课，那就是头可断，蛇却还没有完全死，而且响尾蛇的毒足以将被咬的人马上置之死地。根据一些研究人员的调查发现，在34名曾被响尾蛇咬过的伤者中，其中有5人表示，自己是被死去的响尾蛇咬伤。来自于美国研究人员的报告指出，即使响尾蛇在死后1小时内，仍可以弹起施袭，主要的原因是响尾蛇在咬噬动作方面有一种不受脑部影响的反射能力。甚至有人非常确定响尾蛇已经被击毙，进而将头部切除，但是响尾蛇还是有咬噬的能力。科学家经过研究发现，响尾蛇的头部拥有特殊器官，可以利用红外线感应附近发热的动物。而响尾蛇死后的咬噬能力就是来自这些红外线感应器官的反射作用；即使响尾蛇的其他身体机能已停顿，但只要头部的感应器官组织还未腐坏，即使响尾蛇在死后一个小时内，仍可探测到附近15厘米范围内发出热能的生物，并自动作出袭击的反应。

响尾蛇导弹

响尾蛇 AIM—9 是世界上第一种红外制导空对空导弹，它是以特殊的红外感应系统打击目标的。当物体温度高于绝对零度时都会产生红外线。在电磁光谱中，红外线介于可见光与无线电波和雷达波之间，可由透镜聚焦，也能透过非金属物质传至外界。响尾蛇一旦发现可疑红外线，就会迅速跟踪，然后迅速作出决断。一旦它觉得是可口的猎物，就会迅速发动袭击。美军秘密研制的这种空对空导弹也是利用敌方战机发出的红外特征进行跟踪攻击的，因此，美军试图借响尾蛇之名而扬导弹之威。于是“响尾蛇”成了美军第一种红外格斗导弹的名字。1962 年，为了统一名称，美军给“响尾蛇”空战导弹一个正式的编号 AIM—9，一直使用到现在。早期的该型导弹长近 3 米，直径 120 毫米多，弹体由铝管制成。弹头前端玻璃罩内是寻的系统，由一组硫化铅热感电池及聚焦光学部件构成。寻的段后面，是 4 片三角翼，可调控方向。导弹中段是爆炸段，由高爆炸药及引信组成。导弹后段，是火箭发动机，外加 4 片尾翼。1952 年，

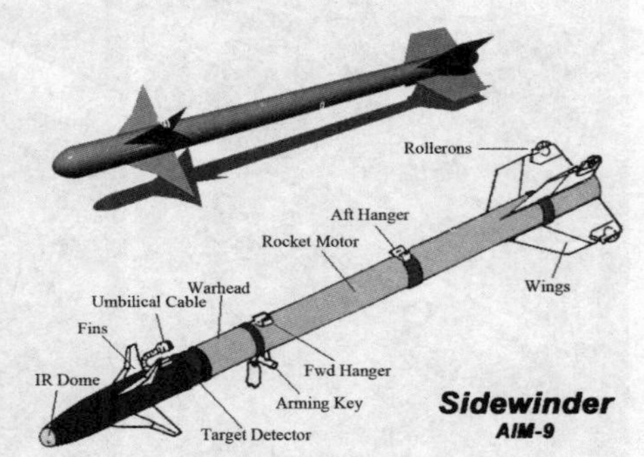

▲响尾蛇导弹主要部件示意图

▲响尾蛇 AIM—9 导弹

▲F—15 发射响尾蛇导弹

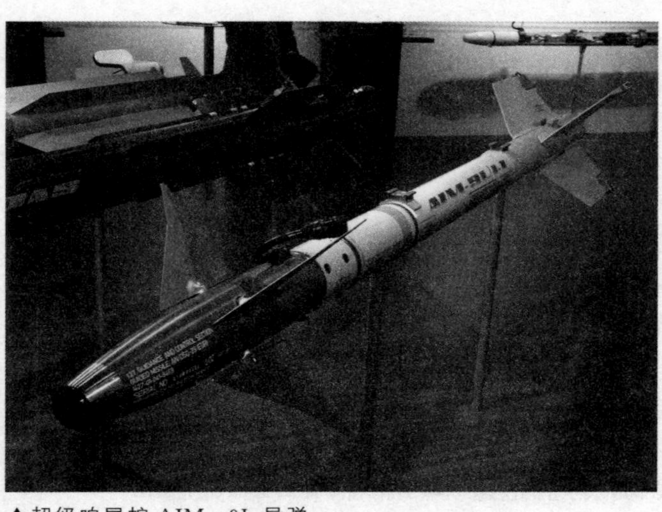
▲超级响尾蛇 AIM－9L 导弹

该型空对空导弹开始秘密试射，前后试了 13 枚。由于技术不成熟，所有试验全部失败，导弹均没有击中目标。科学家们不得不加紧改进技术。功夫不负有心人，1953 年 9 月 11 日，该型导弹第一次试射成功。海军武器中心大为高兴，认为这种武器不仅海军可用，空军和陆战队战机也可用。于是，基地给该型导弹正式编号为 XAAM－N－7。其中，X 代表试验阶段，AAM 代表空对空导弹，N 代表海军。1955 年该型导弹少量投入生产。由于军种间有矛盾，美国空军直到 1955 年 6 月才觉得该型导弹可以“为我所用”，此时美国海军已开始为部署该型导弹做准备了。美国“响尾蛇”系列共有 12 型，AIM—9L 属系列中的第三代，被称为“超级响尾蛇”。该型导弹 1977 年生产，弹长 2.87 米，直径 127 毫米，速度为 2.5 倍音速，最大射程 18530 米，可全方位攻击目标，最善于近距离格斗，体积小，重量轻，结构简单，成本低，“发射后不用管”。据不完全统计，在多次局部战争中，被它击落的飞机有 200 多架。该弹于 1983 年停产，被更先进的导弹取代。

飞舞的清凉——控温系统

我们都知道，人体体温一般保持在37℃左右，如果周围环境温度过高，会导致人体吸收热量而且不能排出，积聚在体内，人会感到非常难受。于是人体就会排出大量汗液，借蒸发来发散热量，以降低体温。另外，如果周围的温度比较低，人体散热太快的话，就会感到寒冷，就像冬天人们穿上了各种保暖的衣服等，阻止人体热量过快发散而导致生病。只有当气温比较合适的时候，人们才会觉得凉爽而不会寒冷。人体的体温调节主要是通过大脑和丘脑下部的体温调节中枢和神经体液的作用，控制产热和散热的动态平衡在一定范围内波动。一般情况下，人们能够忍受的温度上限是52℃，而对于一般从事室外活动且衣着合适的人，能够忍受的温度下限约为零下34℃。

蝴　蝶

蝶，通称为“蝴蝶”，昆虫中的一类。蝴蝶一般色彩鲜艳，翅膀和身体有各种花斑，图纹醒目。蝴蝶的头部有一对棒状或锤状触角，触角端部各节粗壮。蝴蝶翅宽大，停歇时翅竖立于背上。其翅、体和足上均覆以一触即落的扁平的鳞状毛，蝴蝶翅膀上的鳞片不仅能使蝴蝶艳丽无比，还像是蝴蝶的一件雨衣。

▲云豹蛱蝶

因为蝴蝶翅膀的鳞片里含有丰富的脂肪，能把蝴蝶保护起来，所以即使下小雨时，蝴蝶也能飞行。腹部瘦长。从活动时间来看，一般种类的蝴蝶都是在早晚日光斜射时出来活动。但是，有些种类的蝴蝶是在白天活动的。蝴蝶的生长周期分为4个阶段：卵、幼虫（肉虫或毛虫）、蛹和成虫。大多

▲大琉璃纹凤蝶

▲世界上最大的蝴蝶大鸟翼蝶

数种类的蝴蝶幼虫以杂草或野生植物为食，少部分种类的蝴蝶幼虫因取食农作物而成为害虫，还有极少种类的蝴蝶幼虫因吃蚜虫而成为益虫。大部分蝴蝶成虫吸食花蜜。就吸食花蜜的蝴蝶来说，它们不仅吸花蜜，而且爱好吸食某些特定植物的花蜜，例如蓝凤蝶嗜吸百合科植物的花蜜；菜粉蝶嗜吸十字花科植物的花蜜；而豹蛱蝶则嗜吸菊科植物的花蜜等等。部分不吸食花蜜的蝴蝶比如竹眼蝶吸食无花果汁液；淡紫蛱蝶，它吸食病栎、杨树的酸浆。最大的蝴蝶展翅可达 24 厘米，最小的只有 1.6 厘米。大型蝴蝶非常引人注意，专门有人收集各种蝴蝶标本。在美洲“观蝶”迁徙和“观鸟”一样，成为一种活动，吸引许多人参加。

小博士

蝴蝶效应

蝴蝶效应是指在一个动力系统中，初始条件下微小的变化能带动整个系统的长期的巨大的连锁反应。这是一种混沌现象。打个比喻来说，就是美国的蝴蝶轻轻扇动一下翅膀，隔着太平洋的中国就可能遭受一场台风。

讲解——蝴蝶的控温系统

实际上，蝴蝶是一种变温动物，它们的体温高低是随着周围环境的温度而变化的。因此蝴蝶的生命活动直接受着外界温度的支配，温度低了，就停止活动。那么，蝴蝶是如何调节体温呢？其实，这功劳归功于蝴蝶的身体表面覆有一

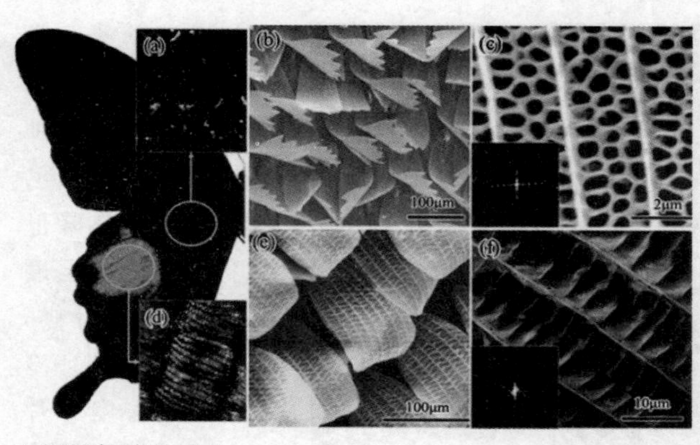

▲蝴蝶翅膀的鳞片

层细小的鳞片，这些鳞片有调节温度的作用。当阳光直射，气温升高时，这些鳞片就会自动张开，以减小太阳光照射的角度，对太阳光能量的吸收随之减少；当外界气温下降，鳞片自动闭合，紧贴体表，让阳光直射鳞片，从而把体温控制在正常范围之内。

蝴蝶鳞片与控温系统

人类发射的人造卫星在太空中遨游，大约在65%～70%的时间内在太空飞行时会受到太阳光的强烈辐射，以致温度往往高达200℃；在其余的时间内，卫星在地球的阴影区内运动，由于没有太阳光的辐射，卫星的温度就会降到零下200℃。这样大的温度变化，卫星上装置的各种精密仪器、仪表就很容易被“烤”裂或“冻”裂，使得卫星上安装的精密仪器仪表极易出现不能容许的偏差甚至故障。后来，人们发现了蝴蝶的鳞片具有调节体温的作用，科学家经过研究，模仿蝴蝶的鳞片为人造地球卫星设计了一套由类似的鳞片状受热散热片等组成的温度自动调节控制系统。这种控温系统外形很像百叶窗，每扇叶片的两个表面的辐射散热能力不同，一个很大，而另一个非常小。百叶窗的转动部位装有一种对温度很敏感、热胀冷缩性能特别明显的金属丝。当卫星温度急剧升高的时候，金

▲人造卫星

▲带有温度控制系统的人造卫星

属丝迅速膨胀，立即使叶片张开，辐射散热能力大的那个表面朝向太空，帮助卫星散热降低温度；当卫星温度突然下降的时候，金属丝会马上冷缩，并使每扇叶片闭合，让辐射散热能力小的那个表面暴露在太空，抑制卫星的散热。通过叶片的开启和关闭，观察舱内的温度可以控制在5℃～35℃范围之内，基本满足仪器设备的工作要求。

日照香炉不生热——冷光

▲暖和的阳光

当我们烧菜或者点火柴的时候，都能够看到光，同时也会感觉到热。例如，早期的钨丝电灯泡，点久后如果用手触摸会让人感觉到非常烫手。光是人类眼睛可以看见的一种电磁波，人们看到的光来自于太阳或产生光的设备，也就是光源。许多光源都是热光源，简单的就如蜡烛一样，通过火焰来发出光、发出热，所以早期人们的家里容易发生火灾。随着科学技术的发展，现在发展的主要都是一些冷光源。这种光源主要发出冷光，只有非常少的热量，不仅仅安全，而且节省能源，保护环境。例如日光灯等，这些冷光源的灵感主要来自于一些动物的能力，你猜它们是什么动物？

萤火虫

萤火虫是鞘翅目萤科昆虫的通称，全世界约有 2000 种，分布在热带、亚热带和温带地区。根据中国几位专家的统计，在中国现发现的萤火虫约有 100 余种。萤火虫体型小，长而扁平，体壁与鞘翅柔软；头狭小，眼呈半圆球形，雄性的眼常大于雌性；腹部 7～8 节，末端下方有发光器。萤火

▲发光的萤火虫幼虫

▲萤火虫

虫的发光器是由发光细胞、反射层细胞、神经与表皮等所组成。如果将发光器的构造比喻成汽车的车灯，发光细胞就有如车灯的灯泡，而反射层细胞就有如车灯的灯罩，“灯罩”会将发光细胞所发出的光集中反射出去。所以虽然只是小小的光芒，在黑暗中却让人觉得相当明亮。而萤火虫的发光器会发光，起始于传至发光细胞的神经冲动，使得原本处于抑制状态的荧光素被解除抑制。而萤火虫的发光细胞内有一种含磷的化学物质，称为荧光素。在荧光素的催化下发生氧化，同时，产生的能量便以光的形式释放出。由于荧光素与氧的反应所产生的大部分能量都用来发光，只有2%～10%的能量转为热能，所以当萤火虫停在我们的手上时，我们不会被萤火虫的光给烫着，所以有些人称萤火虫发出来的光为“冷光”。对于萤火虫发光的目的，早期学者提出的假设有求偶、沟通。雄性萤火虫较为活跃，主动四处飞来吸引异性；雌性停在叶上等候发出讯号。常见萤火虫的光色有黄色、红色及绿色，雄萤腹部有2节发光，雌萤只有1节发光。发光是耗能活动，所以萤火虫不会整晚发光，萤火虫发光一般只发光2至3小时。萤火虫成虫寿命一般只有5天至

▲萤火虫之树

2星期，这段时间主要用来交尾繁殖下一代。虽然我们印象中的萤火虫大多是雄虫有两节发光器、雌虫有一节发光器，但这种情况仅出现在熠萤亚科中的熠萤属及脉翅萤属。因为像台湾窗萤，雌雄都有两节发光器，两者最大的区别在于雌虫为短翅型，而雄虫则为长翅型。

拓展思考

荧光蕈

早在公元前382年时，亚里士多德便发现有些植物会发出绿色的荧光，一直到了19世纪，他的发现才获得证实，原来是附生在树上的真菌在发光。在世界上，已经有记录的发光真菌共有9属42种，现今知道的至少有皮伞、丛伞丝牛肝菌、黄缘荧光小菇、荧光菌四种发光菇蕈。

轶闻趣事——萤火虫奇迹

在新西兰北岛一个小城，有一个有1.5万年历史的钟乳石溶洞，成千上万的萤火虫在溶洞内熠熠生辉，灿若繁星，有人把这种自然奇观称为“世界第九大奇迹”。这个溶洞叫作怀托摩洞，是由地面下石灰岩层构成了一系列庞大的溶洞系统，里面有着各式的钟乳石和石笋，以及萤火虫来点缀装饰。昏暗中一直走到洞穴深处，你就会看到侧面岩石上一片绿白色微光。微光下是无数条长短不一的半透明细丝，从洞顶倾泻而下。每条丝上有许多“水滴”，极像晶莹剔透的水晶珠

帘。原来，这些萤火虫在幼虫期不仅能发光，还能分泌附有水珠般黏液的细丝，洞内昆虫循光而来，撞到丝上就动弹不得。萤火虫幼虫便爬过来美餐一顿。美丽荧光下的水晶珠串，竟是危机四伏的“垂钓线”。

人工冷光

▲矿井中的闪光灯

自从人类发明了电灯，生活变得方便、丰富多了。但电灯只能将电能的很少一部分转变成可见光，其余大部分都以热能的形式浪费掉了，而且电灯的热射线有害于人眼。那么，有没有只发光不发热的光源呢？在众多的发光动物中，萤火虫是其中的一类。萤火虫发出冷光不仅具有很高的发光效率，而且发出的冷光一般都很柔和，很适合人类的眼睛，光的强度也比较高。因此，生物光是一种人类理想的光。人们根据对萤火虫的研究，研制出了日光灯。日光灯又称荧光灯，样子细细的，长长的。日光灯两端各有一组灯丝，灯管内充有微量的氩和稀薄的汞蒸气，灯管内壁上涂有荧光粉，两个灯丝之间的气体导电时发出紫外线，使荧光粉发出柔和的可见光。这个发明使人类的照明光源发生了很大变化。20 世纪 90 年代，意大利研制出一款对照明具有划时代意义的台灯“法宝”，这种台灯不但完全利用冷光系统设计而成，而且最重要的是它根本用不着电源、电线和灯泡，完全摆脱了电的束缚，堪称真正的“类生物灯”。由于这种台灯发出的光线柔和，既适于人的视觉，又不产生热量，因此，在易爆物质的贮存库和充满一氧化碳、氢气等易燃易爆气体的矿井里，尤其是在化学武器贮存库和弹药库里，它是最安全的照明设施。但是

由于这种灯的亮度不够高，发光时间也相对较短，已经渐渐被发热量很低的发光二极管制成的灯所取代。这种灯也曾广泛用于战场，作为军官们夜间查看地图、资料用的战地灯。另外，由于冷光源不会产生磁场，在排除磁性水雷或深海作业时，它更是蛙人的一种理想照明工具。如今，最先进的应用就是把荧光涂料涂在手心，这样一来，张合手掌就可以开关战地灯了。

搅乱视线迷惑敌人——喷墨

▲大雾天气

人眼在看东西的时候，主要依靠光线，当光线被空气中的颗粒不停地散射之后，人的双眼其实就很难看得见东西了。例如雾中，人眼的能见度是非常低的。当在大气中水汽充足以及大气层稳定的情况下，空气中的水汽因为温度变低，就很有可能会凝结成细微的水滴悬浮在空中。这些细小的水滴会将光线不断地散射，造成一定范围内人的能见度极低，所以如果要在军事上或者表演上迷惑人的话，人们就会用干冰降低温度，制造雾的状态，使得人们无法看清楚里面的真实情况。由此而来的迷惑技术，主要是降低对方的能见度，通过烟雾或者其他手段迷惑对方，让对方找不到正确的方向。在自然界中，许多生物就有这样的本领，它们能够通过喷吐一种物质来迷惑敌人，从而让自己有足够的时间逃掉。

乌　贼

乌贼，本名乌鲗，又称花枝、墨斗鱼或墨鱼，是软体动物门头足纲乌贼目的动物。乌贼的身体可区分为头、足和躯干三个部分。乌贼的头位于体前端，呈球形，顶端为口，四周围具口膜。乌贼的足已特化成腕和漏斗。乌贼共有 10 条腕，有 8 条短腕，还有两条长触腕以供捕食用，并能缩回到两个囊内；腕及触腕顶端有吸盘。漏斗位于头部的腹面，它不仅是生

殖、排泄、墨汁的出口，也是乌贼重要的运动器官。乌贼的头两侧有一对发达的眼，眼的构造复杂；眼后下方有一椭圆形的小窝，称做嗅觉陷，为嗅觉器官，相当腹足类的嗅检器，是化学感受器。乌贼的躯干呈袋状，背腹略扁，位于头后，外被肌肉非常发达的套膜，其内即为内脏团。躯干两侧具有狭窄的肉质鳍，在躯干末端分离，鳍在游泳中起平衡作用。乌贼的体内有一厚的石灰质内壳（乌贼骨、墨鱼骨或海螵蛸），稍扁。由于躯干背侧上皮下具有色素细胞，可使皮肤改变颜色的深浅。乌贼的皮肤中有色素小囊，会随“情绪”的变化而改变颜色和大小。每年春夏之际，乌贼由深水游向浅水内湾处产卵，此谓生殖洄游。平时乌贼生活在热带和温带沿岸浅水中，冬季常迁至较深海域。乌贼游泳的速度很快，主要以甲壳类为食，也捕食鱼类及其他软体动物等。乌贼种类有巨型乌贼、金乌贼等等。我国常见的乌贼有金乌贼与无针乌贼。乌贼的主要敌害是大型水生动物。乌贼遇到强敌时会以“喷墨”作为逃生的方法，伺机离开，因而有“乌贼”“墨鱼”等名称，它是头足类中最为杰出的放烟幕专家。乌贼不但味感鲜脆爽口，蛋白质含量

你知道吗？墨鱼中的墨汁，实验证实对小鼠有一定的抑癌作用。

▲乌贼

▲美丽的乌贼

▲巨型乌贼

也很高，具有较高的营养价值，而且富有药用价值。乌贼可以说全身是宝，食用味美，药用效佳。

讲解——乌贼喷墨

▲乌贼

相信大家平时都见过乌贼，这些餐桌上的美味平时在海洋中是如何生活的呢？生活在大洋中的乌贼的主要食物就是小鱼小虾，它们的生活逍遥自在。如果遇到凶猛的敌害，乌贼就会用漏斗口喷射水流的方式，利用水流反冲力迅速逃生。如果真的来不及逃了，乌贼就会施放“烟幕弹”，使敌害受惊并被迷惑，从而让自己顺利逃走。乌贼是怎么施放这些烟雾弹的呢？这就和乌贼体内的构造有关。乌贼的体内有一个墨囊，囊的上半部是墨囊腔，下半部是墨腺，墨腺细胞里充满了黑色颗粒。这些黑色颗粒是由衰老的细胞形成的。平时无敌害的时候，乌贼会将墨汁放进墨囊腔以后，暂时储存起来。而当乌贼在遇敌害或危急时，墨囊急速收缩，墨汁便混在外套腔里的水中，从漏斗口喷出。这一项绝技是乌贼的求生本领，而且墨囊里积贮一囊墨汁需要相当长的时间，所以，乌贼不到万不得已之时是不会轻易施放墨汁的。

乌贼喷墨与鱼雷诱饵

当乌贼遇到强大的敌害后，它就拼命地逃跑，实在逃不脱时，它只得使出最后的绝招，放出烟幕弹。即从墨囊里喷出一股墨汁，把周围的海水染成一片黑色，使敌害看不见它，就在这黑色烟幕的掩护下，它便逃之夭夭了。这下，潜艇设计者们有灵感了，他们仿效乌贼的这一功能设计出了“鱼雷诱饵”。这是一种对抗鱼雷威胁的声诱饵弹。它可由水面舰艇上的发

射装置发射。诱饵弹一离开发射管，其后部的尾翼便自动伸出以稳定其飞行。当诱饵弹撞击水面时，其前、后部分离，同时声辐射器也从前部释放出来，与充气浮体分开并下沉到一定深度，发射声信号以诱骗鱼雷。这是扰乱鱼雷制导的装备，能够利用伪装的螺旋桨噪音等引诱鱼雷攻击。经过不断的技术改进，如今的鱼雷诱饵更像一艘袖珍的潜艇，它不仅能像一般潜艇一样按照既定的目标航行，更神奇的是，它还可以模拟噪音、螺旋桨节拍、声信号和多普勒音调变化等。正是它这种惟妙惟肖的表演，让敌人的潜艇或者执行攻击任务的鱼雷真假难辨，最终使潜艇得以逃脱。比如AN/SLQ—25的正式名称是“水面舰鱼雷防御系统”，它是一种电子声学诱饵系统，它采用数字控制和模块化设计，能够对靠声音寻找目标的鱼雷实施欺骗。在使用时，AN/SLQ—25通过军舰尾部的发射孔发射出一个流线型浮标，并由一根拖曳信号传输同轴电缆拖在船尾。浮标里面是一个水下音响发生器，它使用电子或电动机械方式来产生鱼雷“感兴趣”的声音信号。由于它发出的信号比军舰本身的声学信号强烈，鱼雷会把它误认为是目标并向它袭来，从而使军舰得到保护。

▲装有AN/SLQ—25A型“水精”(Nixie)拖曳鱼雷诱饵的船

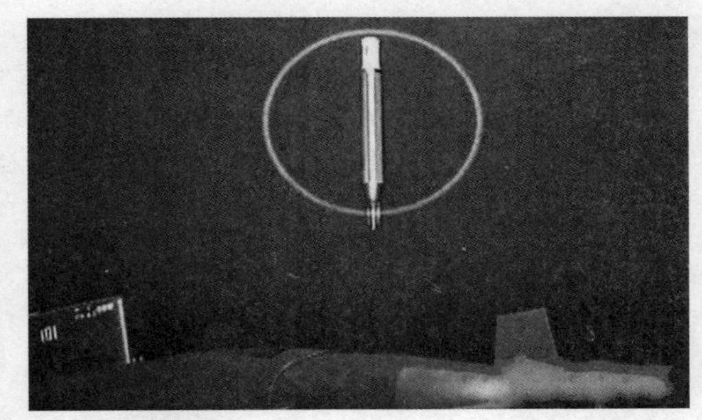

▲鱼雷诱饵

一天到晚游泳的鱼——速游

《晏子春秋·问下》十五："臣闻君子如美渊泽，容之，众人归之，如鱼有依，极其游泳之乐。"水是生命之母。人很小的时候就非常喜欢亲近水，游泳就是一种人类与水之间的、受人欢迎的一种活动。古代，居住在江河湖海一带的人，为了生存，必然要在水中捕捉水生物作食物，他们观察和模仿水中的鱼类、青蛙等动物，在浅水里慢慢训练自己的动作，使得人类慢慢掌握了游泳的各种方法。以前的游泳活动，一般只是对士兵的一种训练和贵族子女教育的一个重要部分，而之后的人们发现，游泳对身体有着许多的好处，特别是对心脏和肌肉有着不同的好处。随着知识的普及，人们也逐渐开始接受游泳成为一种有意于身心健康的活动。而现代游泳运动起源于英国，18世纪初传到法国，继而成为风靡欧洲的运动。

鲨 鱼

鲨鱼早在恐龙出现前3亿年就已经存在于地球上，至今已超过4亿年，它们在近1亿年来几乎没有改变。鲨鱼，在古代叫作鲛、鲛鲨、沙鱼，是海洋中的庞然大物，所以号称"海中狼"。世界上约有380种鲨鱼，其中约有30种会主动攻击人，有7种可能会致人死亡，还有27种因为体型和习性的关系，具有危险性。其中大白鲨是海洋中攻击人的体形最大的食肉类鲨鱼。鲨鱼在海水中对气味特别敏感，尤其对血腥味，伤病的鱼类不规则的游弋所发出的低频率振动或者少量出血，都可以把它从远处招来，

▲大白鲨

甚至能超过陆地狗的嗅觉。鲨鱼可以嗅出水中1ppm（百万分之一）浓度的血肉腥味来。日本科学家研究发现，在1万吨的海水中即使仅溶解1克氨基酸，鲨鱼也能觉察出气味而聚集在一起。如雌鲨鱼分娩过后，即使在大海里漫游千里之后，也能沿着气味逆游回到它的出生地生活。1米长的鲨鱼，其鼻腔中密布嗅觉神经末梢的面积可达4842平方厘米，如5米长的噬人鲨，其灵敏的嗅觉可嗅到数公里外的受伤人和海洋动物的血腥味。鲨鱼游泳时主要是靠身体，像蛇一样地运动并配合尾鳍像橹一样地摆动向前推进。稳定和控制身体的主要是运用多少有些垂直的背鳍和水平调度的胸鳍。鲨鱼多数不能倒游，因此它很容易陷入像刺网这样的障碍中，而且一陷入就难以自拔。鲨鱼没有鳔，所以这类动物的比重主要由肝脏储藏的油脂量来确定。鲨鱼密度比水稍大，也就是说，如果它们不积极游动，就会沉到海底。它们游得很快，但只能在短时间内保持高速。鲨鱼每侧有5个鳃裂，在游动时海水通过半开的口吸入，从鳃裂流出进行气体交换。张着口游泳的鲨鱼的确看起来很可怕，可是你能不让人家呼吸吗？少数鲨鱼种类能停在海底进行呼吸。

▲鲸鲨

▲砂虎鲨

▲锤头鲨

历史趣闻

鱼翅

所谓鱼翅，就是鲨鱼鳍中的细丝状软骨，是用鲨鱼的鳍加工而成的一种海产珍品。据有关专家表示，吃鱼翅可能会对人体有害。从明朝开始，人们发现鲨鱼鳍内含有胶状翅丝，而且口味甚美。当时的人把鱼翅推向饮食市场之后，立刻引起强烈共鸣，认识其美食价值者逐渐增多。李时珍的《本草纲目》卷四四记述说："沙鱼……形并似鱼，青目赤颊，背上有鬣，腹下有翅，味并肥美，南人珍之。"

小贴士——鲨鱼皮肤的秘密

▲鲨鱼皮肤细微结构图

如何使得游泳的速度更加快？根据人们的经验，如果能够减少水流的摩擦力是可以做到这样的效果，而鲨鱼皮肤表面粗糙的V形皱褶让人们受到启发。鲨鱼之所以能够快速游动，主要原因来自于它周围的水流能够高效地流过它的身体。当物体在各种流体中高速移动时，会受到来自流体的阻力，运动的物体就像在水中游泳一样，要挤开水流才能使自身前进；在这样的运动过程中，由于物体向前运动时候身后的位置出现了真空，这个所谓的真空就会拖着物体，使物体不能全力前进，这个真空平时我们称之为涡流。而一个粗糙的物体表面，运动时候流体经过粗糙表面会出现不规则的紊乱流体，这就使得本来会出现的真空能够迅速被

紊乱的流体所填补，减少涡流产生的影响。令人赞叹的是，这个粗糙表面减少的涡流阻力，与流体摩擦力比起来要大了许多。比如，高尔夫球，它的表面有着许多小坑，是不光滑的。同样，水中的生物有些看起来非常光滑，实际上皮肤上有着许多小坑。

鲨鱼皮泳衣

而关于穿什么样的泳衣游得更快，人们已探索了许多年。泳者在水中遇到的阻力，与水的密度、泳者的正面面积、摩擦系数及泳者速度的平方成正比，因此减少正面面积和摩擦系数是设计低阻力泳衣的关键。悉尼奥运会游泳比赛中，澳大利亚选手伊恩·索普穿黑色连体紧身泳装，宛如碧波中前进的鲨鱼，劈波斩浪，一举夺得3枚金牌，而他身穿的鲨鱼皮泳衣也从此名震泳界。鲨鱼皮泳衣是人们根据泳衣具有鲨鱼皮的特点起的绰号，其实它有着更加响亮的名字：快皮。快皮的核心技术在于模仿鲨鱼的皮肤。快皮的超伸展纤维表面便是完全仿造鲨鱼皮肤表面制成的。此外，这款泳衣还充分融合了仿生学原理：在接缝处模仿人类的肌腱，为运动员向后划水时提供动力；在布料上模仿人类的皮肤，富有弹性。实验表明，快皮的纤维可以减少3%的水的阻力，这在0.01秒就能决定胜负的游泳比赛中有着非凡意义。1999年10

▲穿上鲨鱼皮泳衣后的理想效果图

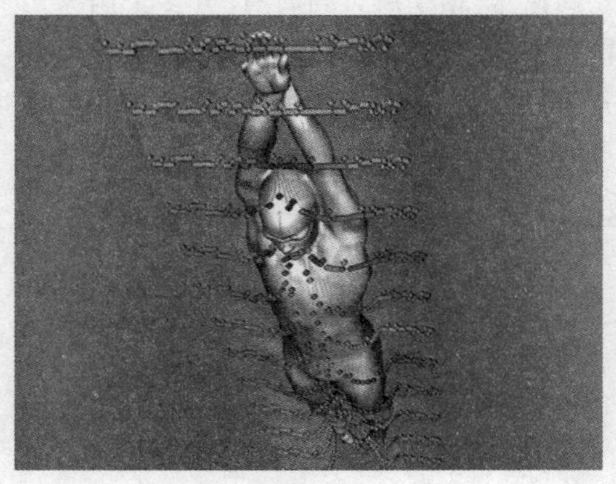

▲模拟运动员水中阻力图

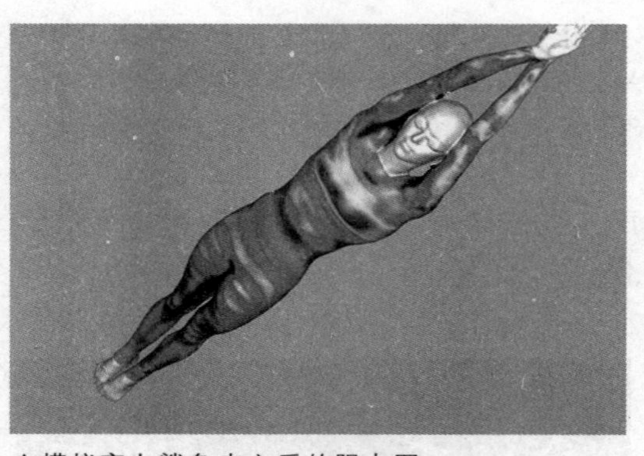
▲模拟穿上鲨鱼皮之后的阻力图

月，国际泳联正式允许运动员穿快皮参赛。随着这个规定，“鲨鱼皮”改变了整个泳坛，北京奥运会前夕，澳大利亚游泳奥运选拔赛中，苏利文等选手曾经在7天之内7次打破世界纪录。而在欧洲游泳锦标赛，法国、荷兰和意大利的选手共6次刷新世界纪录。据国际泳联提供的信息，自2月中旬之后的6周之内，碧水池中诞生了16项新的世界纪录，而其中的15项是运动员身着第四代“鲨鱼皮”泳衣创造的。在6月末的美国游泳奥运选拔赛上，美国“飞鱼”菲尔普斯又身着这款“神奇泳衣”打破了男子400米混合泳的世界纪录，接下来是名将霍夫创造了女子400米混合泳的纪录。事实证明，这款泳衣自投入市场以来，确实一路伴随着泳坛的革命：已作古的44项世界纪录中，居然有40项跟它有关。一时之间，新泳衣成为征战北京奥运各代表团争相崇拜的“偶像”，据了解，当时有50多个国家运动员身穿“鲨鱼皮”参加北京奥运会，这使得“鲨鱼皮”成为北京奥运会的泳衣霸主。2009年7月，国际泳联宣布，“鲨鱼皮泳衣”2010年起全球禁用。

稀有类生物的超能力

在众多的生物之中，没有两个个体是完全相同的，这就表明了生物的独特性。在生存竞争中生存下来并不是随意或偶然的，部分原因取决于生存下来的个体的遗传组成。这种并非一律相同的生存状态构成了自然选择过程，常常带有极大的随机性。自然界中有些生物具有非常独特的能力，它们非常稀少，甚至非常少见。例如，平常所见的蚯蚓具有非常强的再生能力，分成两节可重生为两条独立个体；水熊虫能够在极其恶劣的太空环境下生存；非洲的长颈鹿可以为我们展现它是如何向长脖子输送血液。在这一章中，让我们一起走进这些独特有机体生命所展现的奇特超能力世界吧！

生命的坚韧——再生

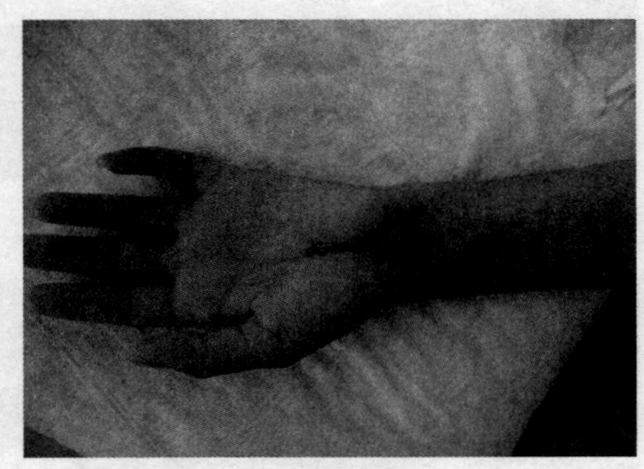

▲手的伤口愈合

再生，是人们一直很想获得的一种超能力，例如，断裂的四肢能够重新长出来，重伤的身躯能够恢复完好。而这也是人们一直忽略的一种能力，如平时我们所见的伤口愈合。如果要给再生下一个准确的定义的话，我们可以说再生是指生物体的一部分损坏之后，机体重新生成完整生物体的过程。按照通俗的说法，就是身体的自我修复。可是现实中的人们经常过于理想化了，将再生理所当然地看成是重生。这两种概念实际上有着许多的不同。例如有些人由于某种原因，失去了一只手臂或者一只脚，或身体的某一个部分，再生的能力是不可能促使身体长出一个新的手臂或脚。在中国历史上皇帝身边一个有名的职业——太监就是一个非常典型的例子。一般来说，我们人类再生只是在细胞水平上靠细胞增殖来补充坏死、脱落的细胞，从而达到伤口愈合的目的，所以，绝对不会长出新的器官或者肢体。而自然界中有许多生物体即使被切成两半，但是切掉的部分还是能够再生。

蚯　蚓

蚯蚓为常见的一种陆生环节动物，它生活在土壤中，昼伏夜出，以畜禽粪便和有机废物垃圾为食，连同泥土一同吞入，它也摄食植物的茎叶等碎片。蚯蚓的身体呈圆筒形，褐色稍淡，它的前段稍尖，后端稍圆，在前端有一个分节不明显的环带，它的腹面颜色较浅。蚯蚓的身体两侧对称，

▲蚯蚓

▲发现超长的蚯蚓

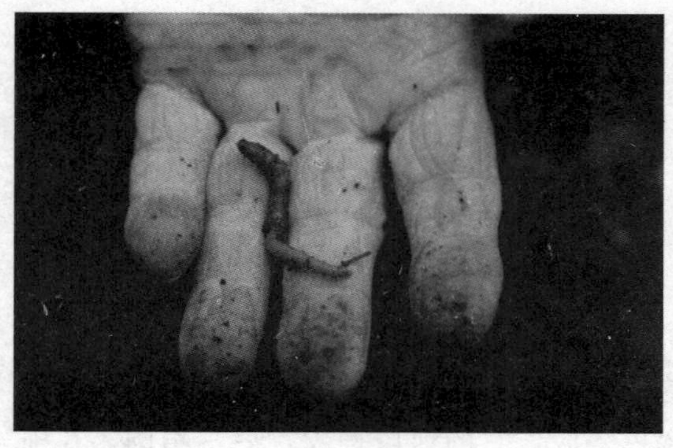
▲蚯蚓再生后

具有分节现象；没有骨骼，在体表覆盖一层具有色素的薄角质层。蚯蚓的躯体分为多数体节（陆正蚓多达150节）。大多数体节中间有刚毛，在蚯蚓爬行时起固定支撑作用。蚯蚓的某些内脏器官（如排泄器官）见于每一体节。蚯蚓在11节体节后，各节背部背线处有背孔，有利于呼吸，保持身体湿润。蚯蚓身体的第32—37节稍粗，无节间沟，色稍浅，在生殖季节能分泌黏稠物质，形成蚓茧，包裹排出的卵。蚯蚓躯体前后两端渐细，尾端稍钝。蚯蚓无视觉和听觉器官，但能感受光线及震动。蚯蚓是通过肌肉收缩向前移动的，具有避强光、趋弱光的特点。蚯蚓雌雄同体，异体受精，生殖时借由环带产生卵茧，繁殖下一代。目前已知蚯蚓有200多种。人们常常用它们做钓鱼的诱饵，故俗称钓鱼虫。当你把蚯蚓切成两截，将其中的一截用做鱼饵之后，你会发现，剩下的半截躯体并没有死去，而且在一段时间之后，这半

截身躯会重新长出新的躯体，成为一条完整的蚯蚓。可见，蚯蚓有惊人的再生能力。蚯蚓可使土壤疏松、改良土壤、提高肥力，促进农业增产。蚯蚓在中药里叫地龙（开边地龙、广地龙），《本草纲目》称之为具有通经活络、活血化瘀、预防和治疗心脑血管疾病作用。

小博士

人类肝脏的再生能力

人类肝脏的细胞具有很强的再生能力。例如一个人由于外伤导致肝破裂，手术切除了大部分肝脏，几年以后，肝脏会逐渐长大，甚至接近正常肝脏大小。即使发生肝脏疾病，早期受损的部分肝功能不会对人体有任何影响，一旦对人体有影响了，说明肝功能受损已达80%以上了。

讲解——蚯蚓再生之谜

蚯蚓有非常强的再生能力，即使身体被横向切断，它也能够重新生出另外一半。原因在于蚯蚓的肌肉系统，它是由中胚层细胞组成的。在适宜的条件下，切除蚯蚓身体的一部分时，它断面上的肌肉组织会收缩，其中的一部分肌肉更是将自己溶解，形成新的细胞团。与此同时，蚯蚓身体内的白细胞会迅速覆盖在伤口之上，促使伤口愈合。而位于蚯蚓体腔中隔里的原生细胞迅速迁移到切面上来与自己溶解的肌肉细胞一起，在切面上形成结。这个结可以称之为再生芽。消化道、神经系统、血管等组织的细胞，通过大量的有丝分裂，迅速地向再生芽里生长。通过

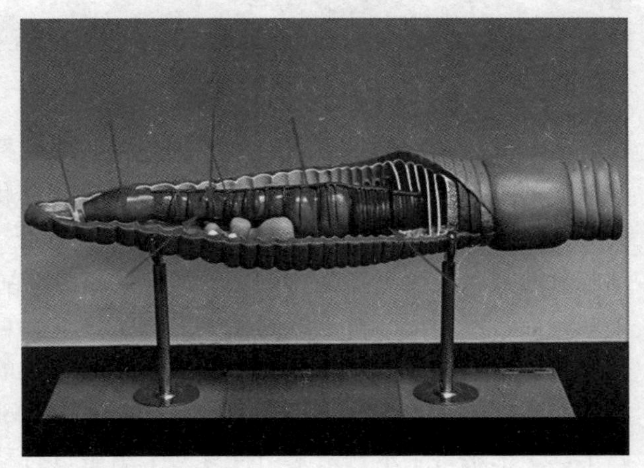

▲蚯蚓剖面模式图

细胞的不断增生，蚯蚓会在自己被切断的那个切面上重新再生出新的一部分。如果一条蚯蚓被切成两半的话，通过这样的手段就能够变成了两条完整的蚯蚓。其中，引起人们注意的就是再生芽，其中的细胞能够刺激蚯蚓身体内的细胞发生分裂。

蚯蚓与干细胞再生术

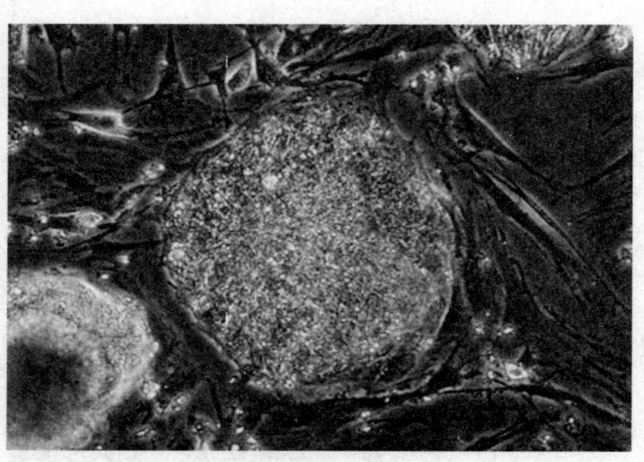
▲胚胎干细胞

或许，我们从蚯蚓超强的再生能力受到启发，希望有一天，哪个器官不好了，也可以再生出一个器官。科学家们不断地研究、实验，人们的梦想果真可以通过干细胞再生术得以实现吗？什么是干细胞呢？干细胞是一类具有自我复制能力的多潜能细胞，在合适的环境下或给予适当的信号诱导，干细胞可以分化成构建人体的不同组织的细胞。实际上，干细胞是一种未充分分化，尚不成熟的细胞，它具有再生各种组织器官和人体的潜在功能，医学界称为“万用细胞”。干细胞分两类：胚胎干细胞和组织干细胞。胚胎干细胞是指受精卵分裂到32个细胞前，每一个胚胎干细胞在一定的条件下都可以发育成一个完整的个体；组织干细胞在一定条件下则可以分化成相应的组织细胞。而蚯蚓断截面的原生细胞相当于这“万能细胞”，这就是蚯蚓的再生能力那么强的原因了。干细胞再生术就是采用自身的干细胞进行移植，可以说是哪里有病就将自身的干细胞移植到哪儿去，从而达到治疗疾病的效果。进行干细胞再生术需要在严格的无菌环境下进行。医院细胞治疗室需要超净的工作间和相关所有需要的仪器等等，以保证安全有效的治疗效果。目前干细胞移植技术主要有两种方式：一是将部分干细胞直接移植到体内，由体内的信

▲干细胞实验

号来引导这部分干细胞分化为成熟的合适的细胞；二是在进行干细胞移植手术的同时，也可以在病人的病灶部位安装一个干细胞移植泵，将部分干细胞在体外进行培养扩增，使之在体外向所需的方向分化，而后分批用移植泵移植到病人体内。干细胞再生术已经逐渐成为治疗白血病、各种恶性肿瘤放化疗后引起的造血系统和免疫系统功能障碍等疾病的一种重要手段。科学家预言，用神经干细胞替代已被破坏的神经细胞，有望使因脊髓损伤而瘫痪的病人重新站立起来。或许不久的将来，失明、帕金森氏综合证、艾滋病、老年性痴呆、心肌梗死和糖尿病等绝大多数疾病的患者，都可望借助干细胞移植手术获得康复。

与众不同的高——高压血液输送

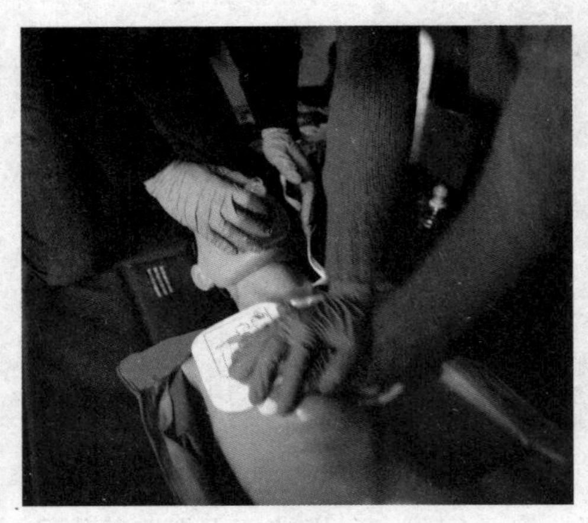

▲急救练习

随着生物学知识的普及，我们知道人类的血液传输都是靠着心脏这一动力器官，每次心脏搏动的时候，就是使血液进行全身循环的过程。一般人类血压正常值为90～139/60～89，前为收缩压，后为舒张压。因为受到地球引力的影响，人在躺卧状态时，血液输送到脑部的时候，心脏每分钟喷出的血量达5升左右；而在直立状态时，70%的血量在心脏下方，心脏喷血量降低到每分钟只有3升左右。这使得人直立的时候，血液输送能力相对较弱，所以人在弯腰低头的时候，如果时间较长，突然起立，容易出现头部眩晕的症状，这就是短时间头部缺氧造成的。但在自然界中有些动物的心脏却能将血传输很长的距离，血压比起人类而言也高出了许多。

长颈鹿

长颈鹿是陆地上最高的动物。雄性长颈鹿个体大概有5.5米高，重达900公斤；雌性个体一般要小一些。雌雄长颈鹿的头顶都有外包皮肤和茸毛的小角。长颈鹿眼大而突出，位于头顶上，适宜远望。长颈鹿遍体具棕黄色网状斑纹。原来，它的祖先并不高，主要靠吃草为生。后来，自然条件发生变化，地上的草变得稀少，长颈鹿只能伸长脖子才能吃到高大树木上的树叶，才能使自己生存下来，并繁衍出自己的后代，这样一代代延续

下来，长颈鹿就变成现在这样的长脖子了。长颈鹿在大草原上就可以吃到其他动物无法吃到的、在较高地方的新鲜嫩树叶与树芽。由于它们要时常咀嚼从树上摘下的树叶，这就使得它们的下颚肌肉不停地运动，而脸部因缺少运动而生长缓慢，所以我们可以看到长颈鹿总是一副僵硬的表情。

▲长颈鹿

别看长颈鹿的脖子长，但很灵活，不仅可以帮助它看得更远、发现远处的食物或者危险，还可以吃到高处其他动物吃不到的植物和果实，同时，长脖子还是它们“打仗”的工具：两头雄性争夺雌性时，长颈鹿的脖子是重要的武器。你看右下图中这两只雄性长颈鹿厮打起来，与众不同的是，它俩不用牙齿咬，不用角顶，也不用脚踢，而是用脖子互相缠绕着厮杀格斗。一会儿它把它缠倒了，一会儿它又把它缠倒了，互不相让，互不认输，可以持续好长一段时间，不知打了多少个回合，最终还是分出了输赢。只见胜者缠住败者的脖子，迫使它低头认输，直到把头低到蹄子为止。还真有些

▲严肃的表情

▲长颈鹿格斗

“铁箍使头低，败者势如泥”的情形。在夏季酷热中长脖子还起了冷却塔的作用，它的巨大暴露面有助于散热。

小博士

长颈鹿科

长颈鹿科是偶蹄目中最独特的一类，牙齿为原始的低冠类型，不能以草为主食，只能以树叶为主食；舌头较长，可以用于取食；头上有短角，角上被有毛的皮肤覆盖。现存长颈鹿科仅分布在非洲，有两种。

讲解——长颈鹿高血压之谜

▲长颈鹿喝水

长颈鹿是自然界中最高的陆生动物，它有着与众不同的长脖子，那长颈鹿的颈为什么那么长呢？令人惊讶的是，长颈鹿和其他哺乳动物的颈椎骨一样，只有7块，不同的是它的脊椎骨比其他动物的要长。长颈鹿的大脑与心脏的距离大约有3米左右，这样的身高优势要求它们要拥有比普通动物更高的血压，以便于心脏把血液输送到大脑。长颈鹿的血压大约是成年人的3倍。长颈鹿有一个11公斤多重，60厘米长的椭圆心脏，每分钟输送血液68升。但长颈鹿低头喝水时，血液却没有一股脑地涌向头部而引起的眩晕。因为，它的动脉和静脉的瓣膜使血液在各种姿势下都保持均匀地流动。低头时脑底部的血管扩张以容纳增多的血液，当突然抬头时，脑底部的血管就收缩以止住血液流动。

长颈鹿与抗荷服

在晴朗的天空，出现了一个黑点，越来越近，才看清是一架飞机在飞行。在超音速歼击机突然爬升的时候，由于惯性的作用，飞行员身体中的

大量血液会从心脏流向双脚，使脑子产生缺血的现象。如何解决这个问题？其实长颈鹿早就解决了这个问题。有专业人员测过长颈鹿的血压，长颈鹿的血压大约是成年人的三倍。因为长颈鹿身高上的优势要求它们要拥有比普通动物更高的血压，以便于心脏把血液输送到大脑。当看到长颈鹿那巨大的头颅一下子低到地面又抬了起来，人们不禁对这种生理上的奇迹叹为观止。科学家看到长颈鹿，便从长颈鹿身上得到了启发。原来是裹在长颈鹿身体表面的一层厚皮起了作用。长颈鹿低头时，厚皮紧紧地箍住了血管，限制了血压，使其不能因血压突然升高而发生意外。科学家依照长颈鹿厚皮原理设计出了“抗荷服”，服内有一装置，在飞机加速时可压缩空气，对飞行员的血管产生相应的压力，从而在一定的程度上起到了限制血压的作用。目前，有传统的充气式抗荷服虽然可以有效地对抗高过载，但是却存在着致命的缺陷——反应滞后。瑞士科学家最近研制出的一种全新的充液式抗荷服可以有效地解决传统的充气式抗荷服反应滞后的问题。就此而言抗荷服比长颈鹿的厚皮更高明一步。

▲超音速歼击机

不识庐山真面目——隐形

▲请问：这里有人吗？

隐形又叫隐身，字面上的意思是隐藏具体形状，却仍然存在于空间中，这是一种人类幻想出来的能力，实现的可能性极低。在现代战争中，却有着隐身飞机、隐身导弹、隐身坦克、隐身舰船等各种隐身武器，它们的存在是为了更有效地“保存自己，消灭敌人”。为什么这些武器又称为隐身呢？原因在于目前所说的隐身技术，主要是靠减少武器装备等目标的可探测信息特征，使敌方探测系统难以发现或发现概率降低，致使等到发现时防御系统已来不及反击的技术。现代战场上的侦察探测系统主要有雷达、红外、电子、可见光、声波等探测系统。据说，在未来战场上将出现愈来愈多的各种隐身武器，这将大大提高武器装备的生存能力、突防能力和作战效能。

夜　蛾

夜蛾是鳞翅目夜蛾科的通称。全世界约有 2 万种，中国约有 1600 种。夜蛾成虫口器发达，下唇须有钩形、镰形、椎形、三角形等多种形状，少数种类下唇须极长，可上弯达胸背。

英国皇家空军的一个执行电子干扰任务的部队 360 中队，甚至还用夜蛾作为队徽的标志呢！

夜蛾的喙发达，静止时卷曲，只少数种类喙退化。夜蛾的复眼呈半球形，少数是肾形的。夜蛾的触角有线形、锯齿形、栉形等。夜蛾的额光滑或有突起；翅色多较晦暗，热带地区种类比较鲜艳。夜蛾的前翅通常有几条横线，中室中部与端部通常分别可见环纹与肾纹，亚中褶近基部常有剑纹。体型一般中等，但不同种类可相差很大，小型的翅展仅 10 毫米左右，大型的翅展可达 130 毫米。夜蛾多为植食性害虫，少数种类捕食其他昆虫，例如紫胶猎夜蛾（又名紫胶白虫）即为紫胶虫的天敌之一。夜蛾成虫夜间活动，多数对灯火和糖蜜有正趋性。夜蛾白天隐藏于荫蔽处，栖止时翅多平贴于腹背。夜蛾科许多种类在大量繁殖时，会给农作物造成大害，黏虫、小地老虎、黄地老虎、棉铃虫等都是著名的作物害虫。夜蛾的特殊能力就是它的反声呐技术，这主要归功于它的特殊的耳朵——鼓膜器。这种“耳朵”长在夜蛾胸腹之间的凹处，它专门接收超声波信号，甚至连超声波信号的变化都能感觉出来。当蝙蝠还在离夜蛾 30 米远、5 米高之处飞行时，夜蛾就能感知它所发出的微弱超声波信号，并能查明蝙蝠的距离和飞行特征的变化。一旦蝙蝠发现了夜蛾，它发出叫声的频率就会突然升高，就像扫描雷达捉到目标后会自动增加发射脉冲，以便把

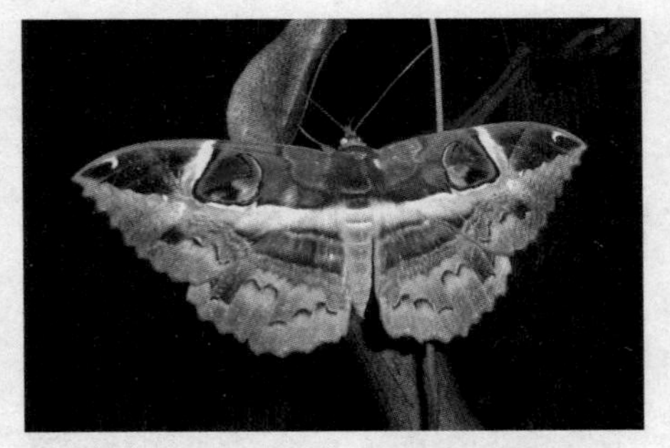

▲夜蛾

▲“笑脸”夜蛾

▲近看夜蛾

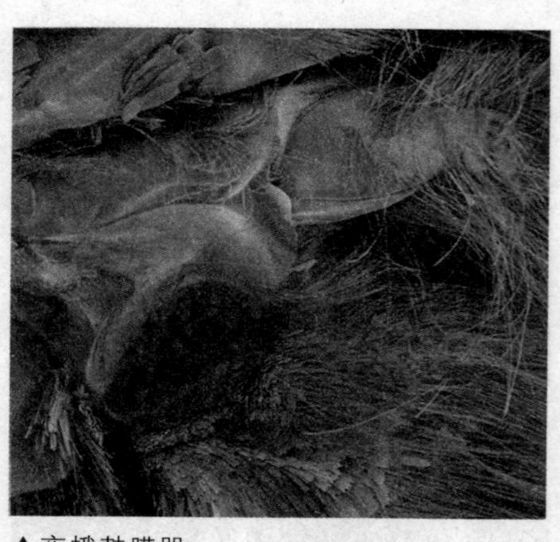
▲夜蛾鼓膜器

目标保持在探索范围内那样。这时夜蛾也“听到”了频率突然升高的蝙蝠叫声，趁着蝙蝠离自己还远，便从容不迫地逃走了。如果蝙蝠已近在咫尺，夜蛾鼓膜里的神经脉冲就会达到饱和频率，这说明情况已十分危急。于是夜蛾立即采取紧急措施，翻筋斗、兜圈子、螺旋下降或者干脆收起翅膀，一个倒栽葱落到地面草丛中，这一连串急速多变的动作往往干扰了蝙蝠的超声波定向。单靠飞行技巧还不够，夜蛾要想逃出蝙蝠的手心，还得使用两个法宝。一个法宝是它的反声呐装置——卡在足部关节上的一种振动器，它可以发出一连串的“咔嚓”声，来干扰蝙蝠的超声波定位。另外，有的夜蛾还有一个法宝——披在身上的厚厚的绒毛，这层绒毛可以吸收超声波，使蝙蝠收不到足够的回声，从而大大缩小了蝙蝠声呐的作用距离。最近发现，有些夜蛾还有“早期报警雷达”，它们能主动发射极高频率的超声波来探测蝙蝠，一旦发现敌情，便及早逃脱。

知识库——吸波材料

夜蛾的绒毛给人类一个提示，即波是可以被吸收的，因而出现了吸波材料。吸波材料是指能够吸收电磁波之类的材料，主要是利用碳和某些磁铁的化合物的能量转换特性来实现。例如，当雷达的波束照射时，这些材料的分子结构被激发，将雷达频率能量转换成其他形式的能量，使剩余能量不足以产生有用的反射信号。早在20世纪60年代初期，美国人用玻璃纤维、炭黑和银粉做成蜂窝结构的吸波材料，能够把某个范围内的信号吸收95%。另外一种结构的吸波材料是谐振吸波材料，它采用一种弹性材料，例如橡胶，在其中充填吸波材料，橡胶衬有一块金属反射镜，以板材或铸造的形式加到需要保护的飞行器表面。针对某一有威胁的频带，这种材料能够通过改变板材的厚度使其在频谱中的这一频带上达到最佳性能。理想的板材厚度应等于发射来信号波长的四分之一。这种类型的吸

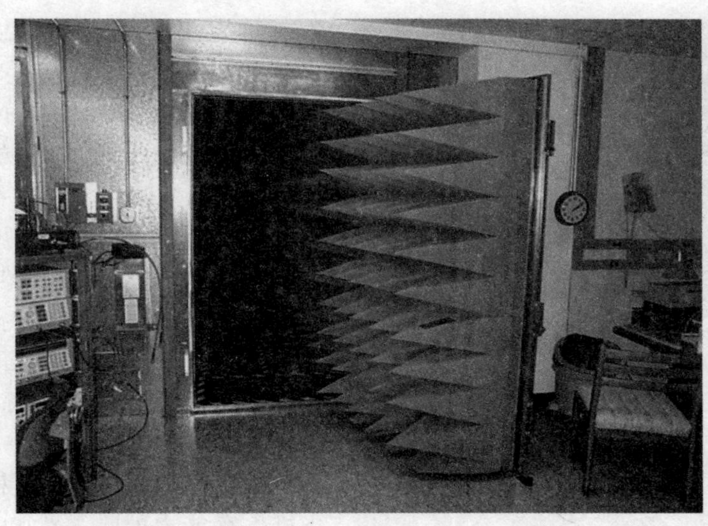

▲测试尖楔形吸波材料

波材料也可以通过用多层材料来对付较宽频带的威胁，每一层材料都调整到可以对付某一频率。近年来，越来越多的国家投入巨大的资金研究新的吸波材料，如纳米吸波材料、多晶铁纤维隐身涂料、导电高聚物吸波涂料、手征吸波涂料和智能吸波材料等。

隐身技术

隐形技术，俗称隐身技术，准确的术语应该是“低可探测技术”。即通过研究利用各种不同的技术手段来改变己方目标的可探测性信息特征，最大限度地降低对方探测系统发现的概率，使己方目标、己方的武器装备不被敌方的探测系统发现和探测到。隐形技术是传统伪装技术的一种应用和延伸，它的出现，使伪装技

▲隐形飞机 B—2

▲隐形飞机 F－22

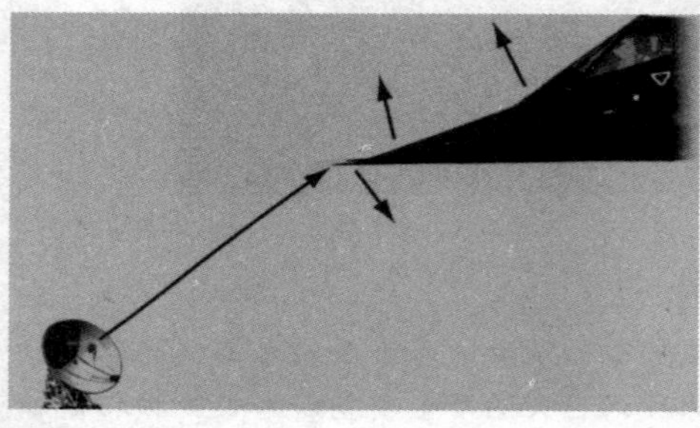

▲隐形飞机原理

▲暗星号无人驾驶隐形飞机

术由防御性走向了进攻性，由消极被动变成了积极主动，增强部队的生存能力，提高了对敌人的威胁力。飞机出现的时候，人们就企图降低它的可见光特征信号，后来，重点转变为反雷达探测。在第二次世界大战中，德国、美国和英国都曾尝试降低飞机的雷达特征信号。德国潜艇通气管采用过能够吸收雷达波的涂料。20世纪60年代中期以后，一体化防空系统效能得到很大提高，提高飞机生存能力的重要性和迫切性变得异常突出，西方国家研究出了一些战术和技术对抗措施，并研制出D－21等具有一定隐形能力的飞机。后来隐形技术还被推广到各种导弹、直升机、无人机、水面舰艇当中。随着科学技术的发展，隐身飞机开始大量参加战斗是这个时期的一大特点。1991年海湾战争期间，美国在海湾部署的43架F－117A隐形飞机出动了1271架次，攻击了伊拉克40%的战略目标。各国中尤其以美国的隐形兵器发展较快，目前居世界领先地位。它的F－117A、B－2、F－22等隐形飞机代表当今世界隐形兵器的先进水平。F－117A隐形攻击机投入实战，在局部战争中发挥了重要作用。在现有隐形飞机的基础上，美国不断开拓新项目的研究，研制新型隐形飞行器以及其他新式隐身装备。

广角镜——隐形衣

▲隐身衣

美国的材料学家关于超材料的发现和中国物理学家的反隐形材料研究，让隐形不再遥不可及。2008年10月，沙拉耶夫在美国《科学》杂志上把隐身衣的秘密公之于世。他用人造原子、中继原子等工程学方法制造出具有在三维空间整齐布阵的微小粒子，而且它们的尺寸达到了纳米级的超材料。所谓“超材料”就是超出自然界固有的普通性质，具有超常材料功能的人工复合材料。它们并不存在于自然界，而是完全由科学家们在实验室研制出来。根据这种超材料的特点，沙拉耶夫造出了隐身衣，依靠一排从中心点开始像一个圆形的梳子沿轮辐方向向外辐射的微型针，将光的折射和扭曲减少到几乎为零，使得围绕着隐身衣的光线发生弯曲，致使人们看不见斗篷。2007年11月，上海交大的陈焕阳博士在美国《应用物理快报》上公布了他对抗隐形技术的研究结构。他和同事们设计出一种光学属性与那些隐形斗篷完美匹配的材料只要将这样的反隐形材料贴在隐身衣上，就可以让一些光线按照指定的路径渗透进去，从而部分抵消隐身衣的效应。这项技术也许将被开发于军事领域，难怪美国前驻华武官在美《防务新闻》网站上援引此例，惊呼未来中国将对美国的隐形武器构成巨大威胁。

水中的能源工厂——分解水得到氢气

▲水面上燃烧的火焰

燃料一直是人类所急需的。远古时期，人类发现了木材可以点燃，辐射出热。今天人们所使用的却是煤、天然气等燃料。但是，随着地球的资源被人类不停地消耗着，这些燃料的储备也越来越少了。科学家们一直致力于寻找各种新的能源。随着科学的发展，人们认识到物质的构成，以及日常中最常见的水资源。是否能够通过装置来提取水中的能量呢？工业上制氢的方法主要是水煤气法和电解水法。水煤气法就是将水蒸气通过灼热的煤层，生成氢气和一氧化碳的混合物，也就是长期以来常用的用煤来分解水，即“水煤气”。但是这种方法的利用率非常低，而且提取过程烦琐，具有危险性，更需要非常多的纯水，而成本付出不一定能够收到足够的回报。在自然界中，人们发现有一些生物却天生就具有分解水的能力。这让人们对于法国科幻作家凡尔纳曾经说过的一句话“总有一天水会被用作燃料”产生了足够的信心。

蓝　藻

蓝藻是单细胞的原核生物，又叫蓝绿藻、蓝细菌；大多数蓝藻的细胞壁外面有胶质衣，因此又叫黏藻。蓝藻没有细胞核，但细胞中央含有核物质，通常呈颗粒状或网状，染色质和色素均匀地分布在细胞质中。该核物

质没有核膜和核仁，但具有核的功能，故称其为原核（或拟核）。蓝藻不具叶绿体等复杂的细胞器，唯一的细胞器是核糖体。蓝藻虽无叶绿体，但在电镜下可见细胞质中有很多光合膜，其上含叶绿素 a，无叶绿素 b，含数种叶黄素和胡萝卜素，还含有藻胆素（藻红素、藻蓝素和别藻蓝素的总称），光合作用过程在此进行。一般来说，凡含叶绿素 a 和藻蓝素量较多的，细胞大多呈蓝绿色。同样，也有少数种类含有较多的藻红素，藻体多呈红色。如生于红海中的一种蓝藻，名叫红海束毛藻，由于它含的藻红素量多，藻体呈红色，而且繁殖得也快，故使海水也呈红色，红海便由此而得名。蓝藻的细胞壁和细菌的细胞壁的化学组成类似，主要为肽聚糖（糖和多肽形成的一类化合物）。蓝藻是最早的光合放氧生物，对地球表面从无氧的大气环境变为有氧环境起了巨大的作用。有不少蓝藻（如鱼腥藻）可以直接固定大气中的氮（蓝藻中：含有固氮酶，可直接进行生物固氮），以提高土壤肥力，使作物增产。还有的蓝藻成为人们的食品，如著名的发菜和普通念珠藻（地

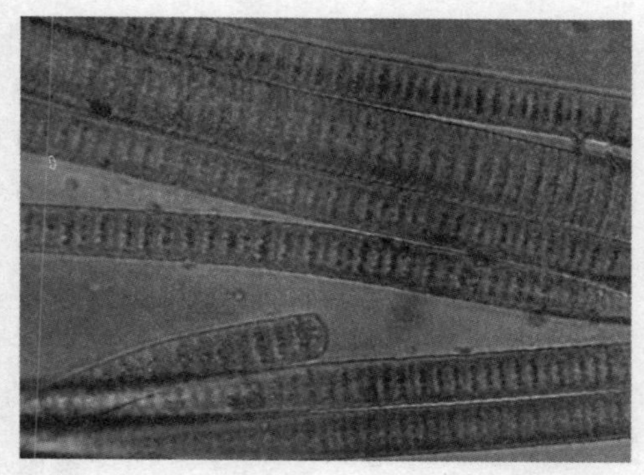

▲蓝藻

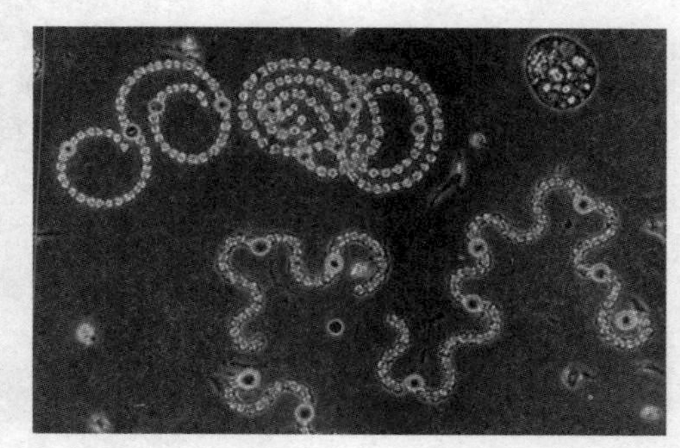

▲蓝藻

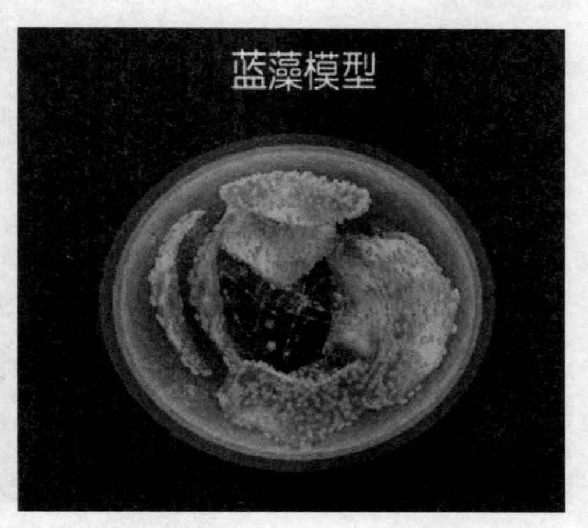

▲蓝藻结构示意图

木耳)、螺旋藻等。蓝藻在地球上大约出现在距今33亿～35亿年前，已知的蓝藻约2000种，中国已有记录的约有900种。蓝藻的分布十分广泛，遍及世界各地，但大多数（约75%）为淡水产，少数海产；有些蓝藻可生活在60℃～85℃的温泉中；蓝藻的有些种类与菌类、苔藓、蕨类和裸子植物共生；有些还可穿入钙质岩石或介壳中（如穿钙藻类）或土壤深层中（如土壤蓝藻）。

小博士

藻类

藻类是原生生物界一类真核生物（有些也为原核生物，如蓝藻门的藻类）。蓝藻主要为水生，无维管束，能进行光合作用。蓝藻体型大小各异，小至长1微米的单细胞的鞭毛藻，大至长达60米的大型褐藻。一些权威专家继续将藻类归入植物或植物样生物，但藻类没有真正的根、茎、叶，也没有维管束。

小资料——蓝藻的危害

▲蓝藻爆发

藻类虽然极其平凡，也能给人类制造一些麻烦。如果在一些营养丰富的水体中，有些蓝藻常于春夏季大量繁殖，并在水面形成一层蓝绿色而有腥臭味的浮沫，称为“水华”。这种现象是蓝藻大规模爆发，在生物学上被称为“绿潮”。绿潮会引起水质恶化，因为绿潮严重时会耗尽水中氧气而造成鱼类等水生物死亡。更为严重的是，蓝藻中有些种类（如微囊藻）还会产生毒素（简称MC），大约50%的绿潮中含有大量MC。MC除了直接对

鱼类、人畜产生毒害之外，也是人类肝癌的重要诱因。MC耐热，不易被沸水分解，但可被活性炭吸收，所以可以用活性炭净水器对被污染的水源进行净化。在2007年5月28日，江苏无锡太湖区域蓝藻大面积爆发，大面积的绿色引发了无锡市自来水的供水危机，在当地造成了极大的影响，不了解情况的人们纷纷责备政府。蓝藻暴发实际上是人们对于生物的一些特征不了解而造成的疏忽。经过一些专家指导，人们知道一些淡水鱼类是藻类的克星，通过投放鱼苗来治理藻类，以防止藻类爆发。

你知道蓝藻分解水生成氢气吗

蓝藻能利用太阳能将水分解成氢和氧，主要是因为其体内由氢酶、固氮酶催化下进行的 H_2 代谢。在生成氢气过程中，最关键的是要有充分的太阳光照。其基本原理是借助特殊状态下的叶绿素a的性质，即叶绿素a在吸收光能后失去电子，然后在光合反应中，失去电子的叶绿素a成为强氧化剂并氧化水生成氧气。在此过程中有 H^+ 被还原成原子态H并与辅酶Ⅱ结合成[NADPH]。如果说能够创造一个液体环境，使得叶绿素能够氧化水而又不提供[NADP+]，那么H就会互相结合成氢气。此反应需在光照下进行，且应防止叶绿素被微生物分解。或许还要通入微弱的电流使其能够处于叶绿素的特殊状态。这是一个惊人的科学发现，实际上氢的产生属于光能转换成电能过程。利用太阳能从水中提取氢的前景十分诱人，因为它具有清洁、节能和不消耗矿物资源等突出的优点。作为一种可再生资源，生物体又能自身复制、繁殖，可以通过光合作用进行物质和能量转换，同时这种转换可以在常温、常压下通过氢酶的催化作用得到氢气。

▲蓝藻光合作用的结构

蓝藻与生物制氢

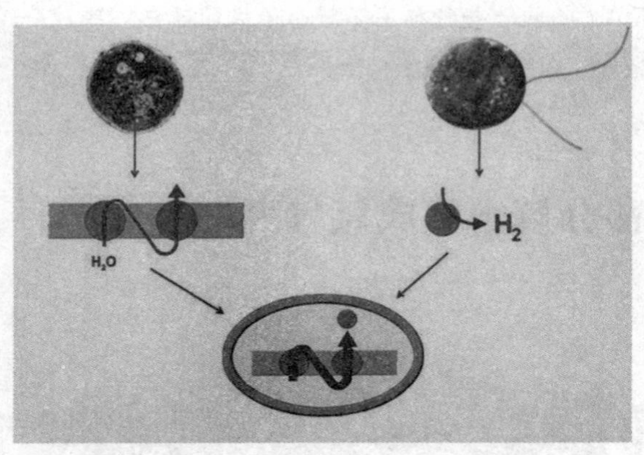

▲蓝藻绿藻重组细胞

▲氢气制取装置

把水尤其是海水变成能源一直是人类梦寐以求的愿望。现代科学研究已证明了水确实蕴藏着巨大的能源。科学家们发现蓝藻的光合作用非常特殊，不是像一般植物那样，把二氧化碳转变为氧气，而是通过光和酶的作用把水转变为氢气。对于这一惊人的发现，科学家们认为利用太阳能从水中提取氢的前景十分诱人。但实际上，蓝藻的产氢效率远远达不到10%。光合作用分解水分子时放出的氧分子会使氢酶的活性降低，并最终使其停止工作。这就是为什么蓝藻的放氢活动只能延续几秒钟，最多几分钟的原因。要使氢能成为广泛使用的能源，首先要解决廉价易行的制氢技术。科学家们解开了蓝藻将水分解产生氢气的基本原理后，认为生物制氢必须合理设计生物制氢反应器中的聚光系统和光提取器。1973年国外实现了氢酶和叶绿素分解水产生氢气的反应；1979年又采用人工化合物代替前者，依靠阳光分解水获得成功。通过科学家们不断的研究发现，海洋中不仅蓝藻可以提取氢，还有红藻、褐藻、绿藻也能提取氢，甚至某些细菌都能利用阳光把水分解成

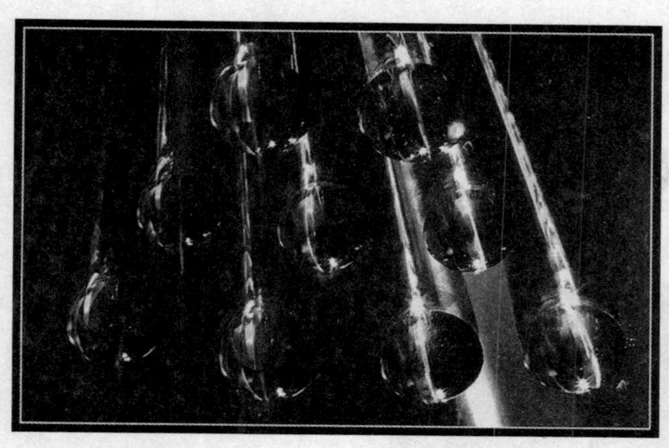

▲藻类制氢微观图

氢和氧，生物制氢的前景很好。当前需要进一步弄清这类生物和微生物制氢的物理机理，并培育出高效的制氢微生物，才有可能使太阳能生物制氢成为一项实用化的技术。中国科学院植物所科研人员发明了微藻与需氧细菌共同培养技术，大大提高了藻类放氢效率。目前，德国已开始建造利用藻类制氢的农场，预计在2020年可形成藻类制氢产业。国外还有人提出可以用基因工程制取氢。如果我们改造蓝藻的基因，使其产生的NADPH不进行还原C3的反应，那么NADPH会变成氢气。但如果这样，就必须给蓝藻导入能够进行异养的基因，否则新品种的蓝藻将无法生存。蓝藻是原核生物，基因结构简单，若用此法应有可能成功。如果这一工程能成功的话，浩瀚的海水就真正变成氢的宝库了。我们有理由相信，人类社会告别化石燃料时代的时间不会太远，基于可再生清洁能源生产和使用技术之上的可持续发展之路，将是一条光明大道。

隔墙有眼——X射线眼

▲雨后的彩虹

透视是指能够隔着障碍物看到后面的物体。这使我们首先要认识一下人类双眼的限制。可见光是电磁波谱中人眼可以感知的部分，一般人的眼睛可以感知的电磁波的波长在400～700纳米之间，一些特殊的人能够感知到波长大约在380～780纳米之间的电磁波。正常视力的人眼对波长约为555纳米的电磁波最为敏感，人们的眼睛接受的是物体表面的反射光，然后经过神经转换光信号为电信号，使得大脑中有了该物体的特征。而光线的传播受到反射定律和折射定律的限制，一旦遇到障碍，即使再微小，也会对人类的双眼造成影响。而不少生物能看见的光波范围与人类不一样，可以让这些生物更加精确地辨别物体。

龙　虾

龙虾是节肢动物门甲壳纲十足目龙虾科4个属19种龙虾的通称。龙虾的头胸部较粗大，外壳坚硬，色彩斑斓，腹部短小，体长一般在20厘米～40厘米之间，重0.5公斤上下，是虾类中最大的一类。最重的龙虾能达到5公斤以上，因此也称龙虾虎。龙虾体呈粗圆筒状，背腹稍平扁，头胸甲发达，坚厚多棘，龙虾的前缘中央有一对强大的眼上棘。龙虾主要分布在热带海域，是名贵的海产品。龙虾有坚硬、分节的外骨骼。胸部具有五对

足，其中一对或多对常变形为螯，一侧的螯通常大于对侧。眼位于可活动的眼柄上。龙虾有两对长触角；腹部形长，有多对游泳足。龙虾的尾呈鳍状，用以游泳；尾部和腹部的弯曲活动可推展身体前进。龙虾是偏动物性的杂食性动物，但食性在不同的发育阶段稍有差异。刚孵出的幼体以其自身存留的卵黄为营养，之后不久便摄食轮虫等小浮游动物；随着个体不断增大，摄食较大的浮游动物、底栖动物和植物碎屑，成虾兼食动植物，主食植物碎屑、动物尸体，也摄食水蚯蚓、摇蚊幼虫、小型甲壳类及一些水生昆虫。龙虾肉是美味的食物，制法可以白灼、干酪焗，是中国名菜。中国南方沿海也经常用鲜活的龙虾切片后生吃，称为“刺身”。相对于人类的眼睛来说，龙虾特别的地方就是它靠反射来看东西，而不是折射。它的眼睛长在触角根部，里面有成千上万块方形晶体，可以将光线反射回去。这些晶体是龙虾的感光系统，全部由平面与直角构成，和人类弯曲的视网膜与圆锥细胞截然不同。这使得龙虾的眼睛可以将一定角度的小入射角光线（或称小掠角光线）加以反射。龙虾捕捉某一物

▲张牙舞爪小龙虾

▲中国龙虾

▲美洲螯龙虾

体（如海床上的猎物）发出的反光时，所有入射光线的反射角度保持一致，便可以聚集在焦点上。这种奇特构造的眼睛，使得龙虾能够透过黑暗浑浊的海水看清敌人，并在敌人还在一个遥远地方做着美食梦时，它就已发现了对方的身影，偷偷开溜了。

小博士

小龙虾

小龙虾是存活在淡水中一种像龙虾的甲壳类动物，学名克氏原螯虾，也叫红螯虾。克氏原螯虾是甲壳类中分布最广的外来入侵物种。根据国外生物学专业教材，小龙虾喜欢生活在脏的地方，越脏小龙虾长得越大。实际上这是一种很脏的食物，内有丰富的病原体，如致病微生物和寄生虫。

小故事——X射线观测发现宇宙“缺失物质”

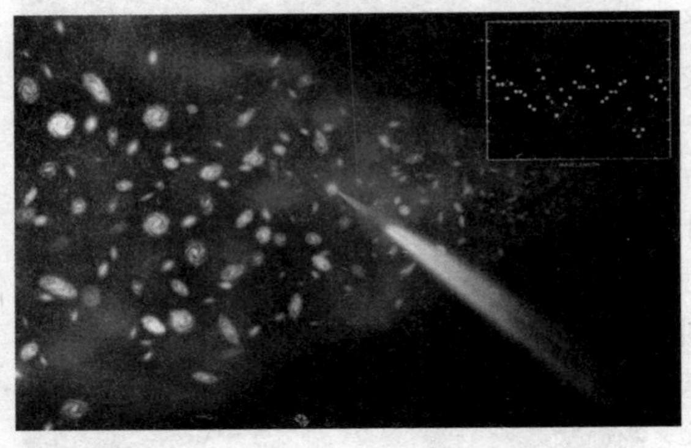

▲宇宙缺失物质

据美国科学日报报道，天文学家基于美国宇航局钱德拉X射线观测台的观测资料，在距离地球4亿光年处发现了宇宙“缺失物质”的证据，即一个巨大的星际气体库。这项发现能够证明宇宙“缺失物质”位于巨大的炽热漫射气体网之中。这些“缺失物质”是由包括存在于地球、恒星、气体云和星系中的质子和中子构成。当前许多测量遥远气体云和星系的方法都证实，大量的“正常物质”存在于宇宙形成的数十亿年之初，神秘之处在于邻近宇宙的缺失物质位于何处？最新理论预测，炽热漫射气体网中主要成分是炽热星际间介质(WHIM)，科学家认为，炽热星际间介质是星系形成之后的残留物质，这些物质之后被星系释放的元素物质浓缩。为了寻找炽热星际间介质，研究人员检测了X

射线范围下一个快速增长的超大质量的黑洞（也被称为活跃星系核），它距离地球20亿光年，当它向内牵引物质时会产生巨大的X射线。天文学家清晰地发现，炽热星际间介质中氧原子吸收了X射线。这项研究结果证实了炽热星际间介质同时也存在于其他较大等级的宇宙结构。

龙虾眼与X光成像系统

动物世界中，龙虾的视觉系统最为独特，研究人员正努力将“龙虾眼”原理应用于X射线扫描仪。该应用一旦成功，即使是铜墙铁壁，也会在新扫描仪探测下变得通透如纸。同无线电波和可见光一样，X射线也是种电磁能。有些材料会吸收X射线，有些则将它反射回去，还有一些材料会使X射线透过时产生折射，也就是令X射线的射出角度与入射角不同。人类与其他动物的视觉系统也靠折射成像，但龙虾不同。龙虾处理光线的方式非常独特，即便在甲壳类生物中也是绝无仅有的。美国国土安全部正在资助光学物理公司研发一种新型扫描仪。这种新产品借鉴了龙虾的反射式成像系统，被称为“龙虾眼成像设备（LEXID）”，龙虾的感光系统在设备中得到了完美再现。该成像设备包括一台低能X射线发生器和一套感光系统，后者由千万枚抛光度极高的金属片组成。X射线通过时，金属片将其反射、校准，再投向受测物体（比方说，货箱上某一点）。经过金属片校准的光线角度固定，系统可以将其调整为平行光波，同一时间集中覆盖较小范围。这样，X射线的穿透性得以大幅提高。龙虾眼成像设备接收的，是物体反射回设备的X射线，而不是穿透物体的射线。感光系统收集这些反射射线聚拢到焦点上，继而聚焦成像。这样的设备省去了收集各方位散射光线的麻烦，它能将所有反射光集中在一定区域内，因而提高了感应精确度，工作效率非凡。龙虾眼成像设备可以轻松“看透”水泥、木材和7.5厘米厚的钢板——当然，解析度不算理想，图像分辨率不高，不过用来探测货箱中的物品还是足够了。另外，由于感光系统聚焦X射线时更加高效，龙虾眼成像设备达成同等成像水平能耗更小。墙体透视能力将是反恐行动的福音。目前用于安检和国际货物扫描的设备体积非常庞大，绝对无法随身携带。如果有台手提式“龙虾眼”，货物扫描难度将大大降低，人们也可以轻松检查过境卡车，或是探测战区路面车辆。光学物理公司计

划于2008年将龙虾眼成像设备投放市场。预计每台扫描设备价格不会超过一万美元。巡查员、专业除虫队都可配备，建筑工人也可以用它看清墙内结构，检查房屋地基。有时考古学家花上好几星期，终于挖进结构精巧的遗迹时，才发现里面根本没有他们孜孜以求的惊世秘密。现在这番周折完全可以省去。另外，特警队破门前，能够清楚地看见建筑内的具体情况。低耗高效的X射线技术也意味着医院放射科终于可以对防辐射铅层说再见了。

此事可待成追忆——瞬间记忆

记忆是人脑对经验过的事物的识记、保持、再现或再认。记忆可通过识记和保持积累知识经验，通过再现或再认恢复过去的知识经验。从现代的信息论和控制论的观点来看，记忆就是人们把在生活和学习中获得的大量信息进行编码加工，输入并储存在大脑里面，在必要的时候再把有关的储存信息提取出来，应用于实践活动的过程。没有记忆的参与，人就不能分辨和确认周围的事物。在解决复杂问题时，由记忆提供的知识经验起着重大作用。记忆联结着人的心理活动的过去和现在，是人们学习、工作和生活的基本机能。离开了记忆，人类什么也学不会，他们的行为只能由本能来决定。

黑猩猩

▲黑猩猩母子

黑猩猩是灵长目猿猴亚目窄鼻组人科的1属，通称黑猩猩。黑猩猩是猩猩科中最小的种类，体长70～92.5厘米，站立时高1～1.7米，雄性体重56～80千克，雌性体重45～68千克。黑猩猩身体被毛较短，黑色，通常臀部有一块白斑。黑猩猩面部呈灰褐色，手和脚是灰色并覆以稀疏的黑毛。黑猩猩的四肢修长且手脚皆可握物。黑猩猩的孕期约230天，每胎1仔，哺乳期约1～2年；性成熟约需12年，雌性30岁龄可生第14胎。黑猩猩的寿命约

▲黑猩猩

▲专注地用细枝粘蚂蚁

40年。幼猩猩的鼻、耳、手和脚均为肉色；耳朵特大，向两旁突出；眼窝深凹，眉脊很高，头顶毛发向后；手长24厘米；犬齿发达，齿式与人类同；无尾。黑猩猩能以半直立的方式行走。黑猩猩有黑猩猩和小黑猩猩两种，分布在非洲中部，向西分布到几内亚。黑猩猩的食性十分普遍，它们会利用不同的方法来取不同的食物，黑猩猩会利用舔满口水的细枝来粘蚂蚁，并能利用石器敲开果实。黑猩猩有时会捕食一些猴类（如红疣猴、黑白疣猴）。黑猩猩在捕食猴类时会策划战术。由于黑猩猩无法在树上捕捉灵敏的疣猴，因此有一只黑猩猩会先从陆地上超过树上的疣猴群，而其他黑猩猩则会从树上将它们聚集并驱赶到埋伏地点，当陆上的黑猩猩到达埋伏地点时会在树下等候，此时其他的黑猩猩会堵住疣猴群的路只留下一条有埋伏的通道，当疣猴进入这条路时，埋伏的黑猩猩会把它赶到地上猎杀。黑猩猩能辨别不同颜色和发出32种不同意义的叫声，能使用简单工具。黑猩猩的智商相当于人类的5～7岁智商，是已知仅次于人类的最聪慧的动物。黑猩猩的行为更近似于人类，在人类学研究上具有重大意义。

生物趣闻

黑猩猩的血型

黑猩猩的ABO血型以A型为主，有少量O型，但没有B型。M血型和N血型也有发现。据说有一次深圳动物园的黑猩猩受伤了需要输血，但是又找不到A型的猩猩血，于是医生输了一些人的A型血液给黑猩猩，救了它一命。

广角镜——黑猩猩的情感

黑猩猩的情感比较丰富，黑猩猩还会关爱和哀悼。一只母猩猩两岁大的女儿死了，它把女儿的尸体背在背上很多天。英国利物浦约翰·穆尔斯大学的一个研究小组在2005年1月至2006年9月期间，对英国切斯特动物园里的黑猩猩进行了观察和研究，他们发现：黑猩猩会作出友好的动作，并安慰在争斗中受挫的同伴。科学家们通过实验还发现，黑猩猩通常用拥抱和亲吻的方式来安慰对方，安慰的一方用单臂或双臂抱住被安慰的一方，或者亲吻被安慰的一方的身体。这种安慰的举动通常出现在黑猩猩发生争斗后，而且安慰的一方和被安慰的一方往往关系亲密。同时得到拥抱或亲吻的黑猩猩会抓耳挠腮或开始梳理毛发，这些动作表明，被安慰的一方的压力得到了缓解。美国埃默里大学灵长类动物研究中心的教授弗兰斯·德瓦尔指出，实施安慰与压力减小之间存

▲亲密

▲拉关系

在关联。他还作出进一步推断，黑猩猩作出的安慰动作能够传递感情——表示同情与理解。他认为，黑猩猩之间相互安慰的方式与人类幼年时期“用行为表意”相似。小孩子常用抚摸、拥抱等身体接触方式安慰心情糟糕的家庭成员。它们还很有同情心。科学家观察到，一只患了脑瘫的黑猩猩不但没有受到同类的欺负，相反还受到照顾，就连群中的“大哥大”也会前来喂东西给它吃。越来越多的研究表明，黑猩猩在某些方面与人类有相似之处。例如，野生的雄性黑猩猩会向中意的对象赠送礼物，以吸引雌性黑猩猩的注意。此外，德国的一项研究发现，黑猩猩不仅会无私地帮助同伴，还会在人类需要帮助时慷慨地伸出援手。

黑猩猩瞬间记忆强

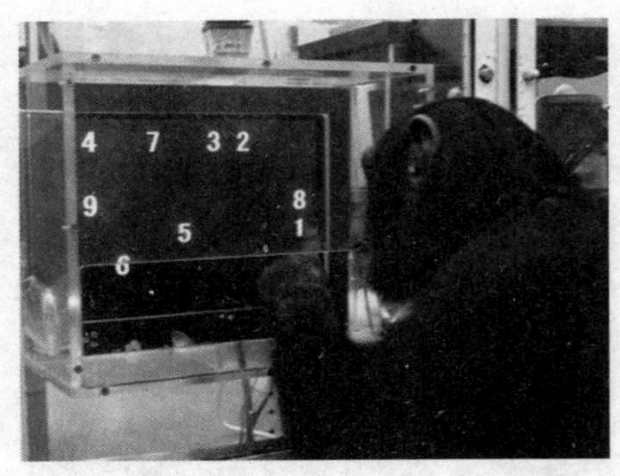

▲记忆

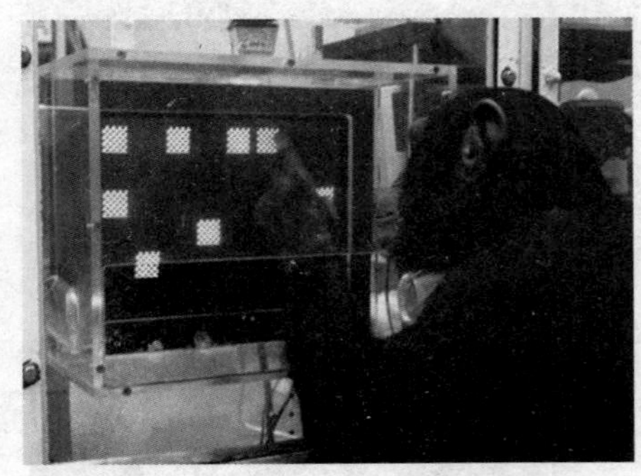
▲回忆数字识别

一直以来，人类都自认为自己是这个星球上最聪明的生物。但科学家的研究发现，在某些方面，黑猩猩比人类要聪明得多。2007 年 12 月，日本京都大学灵长类研究所的研究团队让接受过数字训练的 7 岁黑猩猩阿优姆，以及另两只 5 岁的黑猩猩，分两阶段与大学生比赛瞬间记忆事物的直观记忆力。第一阶段中，电脑会在画面不同位置出现 1 到 9 各数字，当受试者根据数字大小按下第一个数字后，其他数字就会变成白色方块，紧接着必须凭借记忆力根据数字大小依序按下其他数字。结果，黑猩猩的完成速度皆高于人类。第二阶段中，电脑会瞬间出现 5 个数字，然后立刻变成白色方块。当数字出现时间为 0.7 秒时，阿优姆以及大学生准确率均约 80%，不过当出现时间缩短为 0.2 至 0.4 秒时，阿优姆仍能维持约 80%的准确率，而

人类的准确率却滑落至40%。实验结果表明，黑猩猩不论准确率或速度都略胜一筹，就连历经半年直观记忆训练的大学生也难以胜出。据说少数人类孩童拥有像黑猩猩那样的优秀直观记忆力，随着年龄增长会逐渐丧失，而年轻黑猩猩的表现也优于年长黑猩猩。松泽指出："此能力应该源自于在自然界必须一眼辨识出敌友或果实成熟等需求。人类可能为发展语言等其他能力而在进化过程中慢慢丧失此一能力。"2009年2月，英国科学家们对9个月大的黑猩猩进行了测试，研究发现，受到精心照顾和关爱的小黑猩猩比同龄的人类婴儿还要聪明，人类婴儿在9个月大之后才会超过黑猩猩。研究显示，接受人类"母亲般的呵护"的黑猩猩孤儿在认知能力测试中的表现比一般人类幼儿优胜。同时研究人员根据结果表明，这些黑猩猩比接受一般照护的黑猩猩更聪明、更快乐。为什么会这样呢？他们解释说："由人类精心照顾的黑猩猩婴儿很少产生紧张的压力，饲养员们经常用'安慰毯'将黑猩猩裹起来，悉心照顾它们"。同时，他们还证实黑猩猩婴儿很像人类，它们需要一定的"情绪护理"，就如同对黑猩猩成年体进行"身体护理"一样重要。通过这项研究，科学家们意识到黑猩猩婴儿的情感系统与人类婴儿存在着惊人般的相似，小黑猩猩就像人类一样，需要情感和身体的支持，才能长大成"完全适应环境"的成年黑猩猩。

▲小黑猩猩比同龄的人类婴儿还要聪明